C.H.BECK ☐ WISSEN

in der Beck'schen Reihe

Das soziale Leben von Tieren und Menschen hat Dichter und Denker zu allen Zeiten fasziniert. Der berühmte antike Schriftsteller Vergil sah im Volk der Bienen das Musterbeispiel eines Staates verwirklicht und darin ein Vorbild für den «Menschenstaat». Der römische Philosoph Seneca dagegen wies seinen Zögling Nero darauf hin, daß der Bienenstaat zwar die Monarchie rechtfertige, der Bienenkönig aber stachellos sei, die Natur also keinen rachsüchtigen Herrscher wolle. Darüber mag man heute schmunzeln, doch hat das soziale Verhalten der Lebewesen auch Naturforschern immer wieder Rätsel aufgegeben. Welche Vorteile bringt z. B. die Arbeitsteilung im Insektenstaat mit sich? Wie kommt es, daß die Individuen einer Gruppe in oft erstaunlichem Maße kooperieren, andererseits aber auch häufig miteinander in Konflikt geraten? Warum schließen sich Individuen überhaupt zu Gruppen zusammen? Und inwieweit ist es überhaupt möglich, Rückschlüsse vom tierischen Sozialverhalten auf das der Menschen zu ziehen?

Mit Franz M. Wuketits erläutert einer der besten Kenner die Aussagen und Argumente der Soziobiologie sowie ihre Konsequenzen. Eine gut verständliche Darstellung einer der wichtigsten Disziplinen der Biologie und ihrer zentralen Ergebnisse anhand vieler Beispiele.

Prof. Dr. Franz M. Wuketits, international bekannter Biologe und Wissenschaftstheoretiker, Autor zahlreicher Bücher, lehrt an den Universitäten Wien und Graz. Träger des *Österreichischen Staatspreises für Wissenschaftliche Publizistik*. In der Reihe *C. H. Beck Wissen* liegt von ihm außerdem vor: *Evolution. Die Entwicklung des Lebens* (2000).

Franz M. Wuketits

WAS IST SOZIOBIOLOGIE?

Verlag C. H. Beck

Mit 12 Abbildungen und 6 Tabellen

Die Deutsche Bibliothek – CIP-Einheitsaufnahme

Wuketits, Franz M.:
Was ist Soziobiologie? / Franz M. Wuketits. –
Orig.-Ausg. – München : Beck, 2002
(C. H. Beck Wissen in der Beck'schen Reihe ; 2199)
ISBN 3 406 47999 5

Originalausgabe
© Verlag C. H. Beck oHG, München 2002
Satz: Fotosatz Amann, Aichstetten
Druck und Bindung: Druckerei C. H. Beck, Nördlingen
Umschlagentwurf: Uwe Göbel, München
Printed in Germany
ISBN 3 406 47999 5

www.beck.de

Inhalt

«Diejenigen sozialen Tiere, die auf der tiefsten Stufe stehen, werden fast ausschließlich, die höherentwickelten größtenteils von speziellen Instinkten geleitet bei der Hilfe, welche sie den Gliedern derselben Gemeinschaft leisten; aber sie werden auch teilweise durch gegenseitige Liebe und Sympathie angetrieben.»

Charles Darwin

«Die biologische Sichtweise der Entstehung der menschlichen Natur hat so manchen Denker abgestoßen, darunter auch einige der scharfsinnigsten Sozial- und Geisteswissenschaftler. Doch ich bin mir sicher, daß ihre Einwände auf einer falschen Voraussetzung basieren.»

Edward O. Wilson

Einleitung:
Von Bienen, Wölfen und Menschen

Alfred Edmund Brehm (1829–1884), der durch seine populären Tierbeschreibungen berühmt gewordene Zoologe, war beeindruckt: Er beobachtete, wie ein Tierwärter einen in Gefangenschaft lebenden Pavian bestrafen wollte und die anderen gefangenen Paviane ihren Artgenossen zu beschützen versuchten. Aus solchen und ähnlichen Beobachtungen an verschiedenen Tieren folgerte Charles Darwin (1812–1882), daß gesellig lebende Tiere Sympathie und Liebe füreinander hegen. Das klingt nach einer Übertreibung. Es ist aber seit langem bekannt, daß sich Individuen vieler Tierarten zu Gruppen zusammenschließen und Geselligkeit ein in der Tierwelt weitverbreitetes Phänomen darstellt. Die Angehörigen einer Gruppe leben nicht nur nebeneinander her, sondern arbeiten – beispielsweise bei der Futtersuche – zusammen, schützen sich gegenseitig vor Feinden und riskieren mitunter das eigene Leben für ihre Gruppengenossen.

Die Bildung von Gruppen oder *Sozietäten* kommt bei sehr vielen Arten vor. Dabei variieren Gruppengröße und -struktur von Art zu Art oft ganz erheblich (Tabelle 1). Die Völker der Honigbiene bestehen aus 40000 bis 70000 Individuen, Wölfe treten in Rudeln bis zu 13 Tieren (selten mehr) auf, und der moderne Mensch, *Homo sapiens*, und seine Vorfahren lebten die längste Zeit in Gruppen von 30 bis 50 (jedenfalls wahrscheinlich weniger als 100) Individuen. Der Mensch in der Zivilisation heute bildet mit seinen Städten und Großstädten allerdings anonyme Massengesellschaften, in denen sich oft viele Millionen seiner Artgenossen auf relativ engem Raum tummeln. So unterschiedlich Bienenvölker, Wolfsrudel und menschliche Gesellschaften auf den ersten Blick auch anmuten, haben sie doch eines gemeinsam: Sie sind Ausdruck einer uralten Triebkraft, welche Individuen vieler Arten über Generationen hinweg, auf Lebenszeit oder zumindest vorübergehend zusammenschließt.

Tab. 1: Einige Beispiele für Gruppenformen

Bienenvolk (Honigbiene)
40000 bis 70000 Individuen. Funktionsaufteilung auf drei Formen von Spezialisten: Ein vollentwickeltes Weibchen (Königin), zu bestimmten Jahreszeiten einige hundert Männchen (Drohnen), Arbeiterinnen mit unterentwickelten Geschlechtsorganen, die die große Masse des Volkes bilden und die Nahrung einbringen.

Pinguinkolonie (Königspinguin)
Verschieden große Individuenzahl (Hunderte oder Tausende). Stark ausgeprägtes Brutpflegeverhalten: Eltern bleiben mit ihren Jungen bis zu einem Jahr in der Kolonie, die Jungen werden zu «Kindergärten» zusammengetrieben und kollektiv bewacht.

Wolfsrudel
Meist bis zu 13 Individuen mit einem Jagdrevier von 100 bis 1000 Quadratkilometern Fläche. Kollektive Jagd. Rangordnung sowohl unter den männlichen als auch unter den weiblichen Individuen. Nur das ranghöchste Männchen und das ranghöchste Weibchen paaren sich und zeugen Nachkommen. In Krisenzeiten und bei kleiner Beute haben ranghohe Erwachsene und Welpen vorrangig Anspruch auf Futter.

Elefantenherde (Afrikanischer Elefant)
Während der Trockenzeit etwa 30, während der Regenzeit mehr Individuen. Weibchen und ihre Jungen bilden eigene Gruppen und werden von der ältesten Elefantenkuh angeführt. Die Elefantenbullen kämpfen um ranghohe Positionen, wobei die Gewinner vorübergehend Partner brünstiger Weibchen werden. Stark entwickelte Jungenfürsorge.

Gorillagruppe
Bis zu 30 Individuen, darunter ein zehnjähriges (oder älteres) Männchen (Silberrücken), wenige erwachsene, aber jüngere (schwarzrückige) Männchen, etwa sechs ausgewachsene Weibchen und halbwüchsige Jungtiere. Rangordnung unter den Männchen und Junggesellengruppen.

Das soziale Leben von Tieren und Menschen hat Dichter und Denker zu allen Zeiten fasziniert und zu – teils bemerkenswerten, teils merkwürdigen – Deutungen und Vermutungen verleitet. So sah der römische Schriftsteller Vergil (70–19 v. Chr.) bei den Bienen das Musterbeispiel eines Staates verwirklicht und daher das Vorbild für einen «Menschenstaat». Und der römische Philosoph Seneca (4–65 n. Chr.) wies seinen Zögling Nero darauf hin, daß der Bienenstaat zwar die Monarchie rechtfertige, der Bienenkönig aber stachellos sei und die Natur also keinen rachsüchtigen Herrscher wolle. Darüber mag man heute schmunzeln. Aber auch Naturforschern hat das soziale Verhalten der Lebewesen immer viele Rätsel aufgegeben. Welche Vorteile haben die Arbeitsteilung im Insektenstaat und der Verzicht fast aller Mitglieder auf eigene Fortpflanzung? Warum betreiben manche Arten Brutpflege, andere nicht? Wie kommt es, daß die Individuen einer Gruppe in oft erstaunlichem Maße kooperieren und einander helfen, gleichzeitig aber auch wiederholt in Konflikte miteinander geraten? Warum überhaupt schließen sich Individuen vieler Arten zu Gruppen zusammen, während Individuen anderer Arten solitär, als Einzelgänger leben? Antworten auf diese (und viele andere) Fragen liefert die moderne *Soziobiologie*.

Im Jahre 1948 wurde anläßlich eines interdisziplinären Symposiums in New York nach Verbindungslinien zwischen verschiedenen Disziplinen gesucht, die zum Verständnis des sozialen Verhaltens von Tieren und Menschen beitragen. Dabei wurde die Soziobiologie sozusagen aus der Taufe gehoben als eine Disziplin, die durch vergleichende Arbeiten allgemeine Gesetzmäßigkeiten erhellen soll, welche für alle Lebewesen (also auch für den Menschen) gültig sind. Aber erst als der amerikanische Zoologe Edward O. Wilson 1975 sein monumentales Werk *Sociobiology – The New Synthesis* (*Soziobiologie – Die neue Synthese*) veröffentlichte, rückte diese Disziplin in den Blickpunkt auch einer breiteren Öffentlichkeit. Allerdings löste Wilson – sogar bei manchen seiner Fachkollegen – einen Sturm der Entrüstung aus. Anläßlich einer Tagung in Washington im Februar 1978 wurde er von einem seiner Gegner mit Wasser übergossen. Wie kam es zu diesem, bei wissenschaftlichen Veranstaltungen doch eher seltenen Eklat? Wilson hatte in seinem umfangreichen Buch zwar in erster Linie die verschiedenen Sozietäten der Tiere beschrieben (und anschaulich illustriert), verstieg sich aber im letzten Kapitel zu der Behauptung, daß *menschliche* Sozialstrukturen im wesentlichen nach den gleichen Mustern wie tierische gestrickt und – selbst in ihren komplexen Ausdrucksformen, etwa im Moralverhalten – auf evolutive, genetische Grundlagen zurückzuführen seien. Solches hörten in den 1970er Jahren viele nicht gern, und manche können sich nach wie vor nicht damit anfreunden. (Die Debatten um die Soziobiologie wurden in Europa allerdings nie so heftig geführt wie in den USA.) Dabei konnte schon Darwin deutlich machen, daß der Mensch nicht nur in seinem Körperbau, sondern auch in seinem Verhalten (einschließlich des Sozialverhaltens) als Ergebnis der Evolution durch natürliche Auslese oder Selektion zu verstehen sei. Aber diese Einsicht wird selbst heute noch oft ignoriert, oder sie bleibt in ihren Konsequenzen unverstanden. Viele Sozialwissenschaftler und Philosophen konstruieren ihre eigenen «Menschenbilder» und tun gerade so, als ob Darwin nie gelebt hätte und es die Evolutionstheorie überhaupt nicht gäbe. Es kommt daher nicht überraschend, daß auch die Soziobiologie ursprünglich entweder ignoriert oder heftig bekämpft wurde und auch heute noch häufig auf Ignoranz und Widersprüche stößt.

Soziobiologie ist das Studium des Sozialverhaltens der Lebewesen auf evolutionsbiologischer und genetischer Grundlage, wobei sie ganz selbstverständlich auch den Menschen in ihre Modelle, Theorien und so weiter einbezieht. Sie beruht auf der Annahme, daß das soziale Verhalten in seinen verschiedenen Ausdrucksformen eine genetische Basis hat und Überlebensvorteile mit sich bringt. «Weil Sozialverhalten», schreibt Eckart Voland, «eine ganz wesentliche Rolle in den Selbsterhaltungs- und Fortpflanzungsbemühungen der Organismen spielt, unterliegt es der formenden und optimierenden Kraft der evolutionsbiologischen Vorgänge» (*Grundriß der Soziobiologie*, S. 1). Daher ist die Evolutionsbiologie sozusagen der größere Rahmen für die Soziobiologie, die im übrigen als ein Teilgebiet der *Verhaltensforschung* betrachtet werden kann, obwohl sie einigen Konzepten der «klassischen» Verhaltensforschung oder *Ethologie* – wie sie von Oskar Heinroth (1871–1945), Konrad Lorenz (1903–1989) und anderen begründet wurde – widerspricht (S. 28). Wie die Ethologen, sehen auch die Soziobiologen alle Verhaltensweisen als Ergebnisse der Evolution durch natürliche Auslese. Umgekehrt ist die Soziobiologie auch ein Beitrag zum besseren Verständnis der Evolution.

Im vorliegenden Buch werde ich die zentralen Aussagen, Argumente und Konsequenzen der Soziobiologie anhand von Beispielen behandeln. Wenig werde ich zu den ideologisch motivierten Debatten sagen. Ich werde sie nur insoweit berücksichtigen, als sie Teil der Geschichte der soziobiologischen Theorienbildung sind. Mein Hauptaugenmerk richtet sich auf die Frage, wie die Soziobiologie verschiedene, nicht selten widersprüchliche Phänomene auf evolutionstheoretischer Basis plausibel erklären kann. In den vergangenen zwei oder drei Jahrzehnten waren soziobiologische Themen nicht selten auch Gegenstand der Sensationspresse. Dieser will ich möglichst wenig Stoff liefern. Meldungen, wonach ein bestimmtes Gen für Aggression gefunden wurde, ein anderes für Prostitution und wieder ein anderes für Faulheit, wird dieses Buch nicht bestätigen. Um so mehr hoffe ich, eine sachliche Darstellung einer Disziplin liefern zu können, die leider oft in schiefem Licht gezeigt wurde und wird. Insbesondere unterstellt man der Soziobiologie häufig einen kruden *Biologismus*, das heißt die Auffassung, daß auch kulturelle Phänomene beim Menschen in bloßen Begriffen der Biologie beschrieben und erklärt werden können. Zwar liefert die Soziobiologie in der Tat einen wesentlichen Beitrag zum Verständnis menschlicher Kultur, enthält aber nicht die Behauptung, daß diese in allen ihren Ausprägungen sozusagen biologisch vorbestimmt sei. Bei nüchterner Betrachtung gibt die Soziobiologie keinen Anlaß zu dem Glauben (oder der Befürchtung), daß der Mensch genetisch *determiniert* sei, eine Marionette seiner Gene. Sie deckt aber tiefe stammesgeschichtliche Wurzeln und genetische Dispositionen des menschlichen Sozialverhaltens auf und leistet damit einen veritablen Beitrag zu unserem eigenen Selbstverständnis.

Gruppenbildung in der Tierwelt

Die Tatsache, daß viele Lebewesen in Gruppen leben und ein gruppenspezifisches Verhalten entwickeln, bedarf, wie das Verhalten überhaupt, einer *kausalen* Erklärung. Schon der prähistorische Mensch war wahrscheinlich ein guter Beobachter seiner Mitgeschöpfe, zumal diese ihm gefährlich werden oder als Nahrung dienen konnten. Manche interessante Beschreibungen tierischen Verhaltens finden wir in früheren Epochen unserer Kulturgeschichte und bei Völkern anderer Kulturen. Wie und warum sich jedoch bestimmte Verhaltensmuster ausgebildet haben, welchem biologischen Zweck sie dienen und welche biologischen Prozesse ihnen zugrunde liegen, sind die wissenschaftlich interessanten Fragen. Versuche, sie zu beantworten, fanden erst im 19. Jahrhundert eine solide Grundlage.

Evolution und Verhalten: Was schon Darwin wußte

Charles Darwin hat nicht nur dem Evolutionsgedanken zum entscheidenden Durchbruch verholfen und die Theorie der natürlichen Auslese begründet, sondern war auch einer der ersten Verhaltensforscher im modernen Sinn. Sein 1872 erschienenes Buch *The Expression of Emotions in Man and Animals* (*Der Ausdruck der Gemütsbewegungen bei dem Menschen und den Tieren*) ist ein Meilenstein auf dem Weg zur heutigen Wissenschaft vom Verhalten. Das Buch behandelt ausführlich Verhaltensweisen, die als Ausdruck von seelischen Zuständen oder Empfindungen und Gemütsbewegungen bekannt sind, darunter beispielsweise Freude, Furcht, Entsetzen, Haß, Zorn und Schmerz. Entscheidend ist dabei, daß Darwin solche und andere Verhaltensweisen auf die Evolution zurückführte und davon überzeugt war, daß sie weit in die Stammesgeschichte zurückverfolgt werden können. Für ihn war klar, daß sich das

Verhalten bei Tieren und beim Menschen in der Evolution allmählich entwickelt hat und ähnlich anatomischen Strukturen beschrieben und erklärt werden kann. Aufschlußreich dazu und nach wie vor eine gewinnbringende Lektüre ist auch sein 1871 erschienenes Werk *The Descent of Man* (*Die Abstammung des Menschen*) – ein Klassiker der anthropologischen Literatur.

Darwins Überlegungen waren der Ausgangspunkt der modernen Verhaltensforschung. Wie jedes beliebige Organ, ist auch jedes Verhalten in der Stammesgeschichte entstanden und nur aus seiner Geschichte erklärbar. Zwar können Verhaltensweisen nicht wie Organe oder andere körperliche Strukturen als anatomische Präparate fixiert werden, aber das sind sozusagen bloß technische Probleme, die einer Verbindung von Evolution und Verhalten nicht im Wege stehen. (Allerdings können diese Probleme vielleicht das relativ späte Auftreten einer Verhaltensforschung mit solider theoretischer Grundlage und einem systematischen Rahmen verständlich machen.) Wie alle anderen Lebenserscheinungen sind Verhaltensweisen

1. in der Evolution durch natürliche Auslese entstanden (und werden von dieser gefördert, wenn sie ihren «Trägern» Vorteile bringen),
2. Anpassungsleistungen der jeweiligen Organismen an die gegebenen Lebensbedingungen.

So folgt ein Igel, der vor einem Hund oder Fuchs sein Stachelkleid aufstellt, einem tausendfach bewährten Verteidigungsprinzip, das in seiner Evolution als vorteilhafte Verhaltensstrategie herausselektiert wurde und seinem Überleben dient. Und die Art und Weise etwa, wie sich eine Raubkatze an ihre Beute heranschleicht, wurde jener ebenso von der Selektion im Dienste des Überlebens «angezüchtet» wie dem potentiellen Beutetier sein Fluchtverhalten. Gleiches gilt für soziales Verhalten. Alle Formen des Sozialverhaltens – ob es sich dabei um Brutpflege handelt, um die Kooperation unter erwachsenen Lebewesen oder um Nahrungsteilung innerhalb einer Gruppe – können nur auf dem Boden der Evolutionstheorie hinreichend

erklärt und verstanden werden. Auch die komplexen sozialen
Beziehungen auf dem Niveau des Menschen bleiben in ihrer
Tiefe unverstanden, wenn man die evolutionstheoretische Per-
spektive einspart.

Was bringt Lebewesen zusammen?

Das zentrale Problem aller Organismen ist das Überleben. Da-
mit ist das *genetische* Überleben gemeint, also die erfolgreiche
Fortpflanzung. Dazu ist es nötig, daß ein Individuum zumin-
dest eine bestimmte Zeit am Leben bleibt – bis es eben seine
Fortpflanzungsreife erreicht. Ein Weg, der dies bei vielen Spe-
zies mit relativ hoher Wahrscheinlichkeit gewährleistet, ist der
Zusammenschluß mehrerer (oder sehr vieler) Individuen einer
Art zu einer Gruppe.

Bei den Wanderungen einer Paviangruppe bilden die ranghohen Männchen die Spitze und die Nachhut, während je ein
Männchen die Weibchen mit den jüngsten Nachkommen begleitet und je eines einem brünstigen Weibchen folgt (Abb. 1).

Abb. 1: «Marschordnung» einer Paviangruppe (oben).
Gegen einen Feind rücken die ranghöchsten Männchen vor (unten).

Wird die Gruppe von einem Feind, beispielsweise einem Leoparden, angegriffen, dann gruppieren sich die Weibchen mit ihrem Nachwuchs in der Mitte und werden von den Männchen umringt, von denen wiederum die ranghöchsten dem Feind entgegentreten. Da die ranghöchsten Männchen gewöhnlich auch die kräftigsten sind, stehen die Chancen gut, daß der Leopard in die Flucht geschlagen wird und alle Mitglieder der Paviangruppe unversehrt bleiben. Man kann also leicht nachvollziehen, was die Paviane zusammenhält: Jeder einzelne Pavian ist in seiner Gruppe relativ sicher, während er allein, auf sich selbst angewiesen, dem «Feinddruck» kaum standhalten könnte. Bei Paviangruppen handelt es sich um *individualisierte geschlossene Gesellschaften*, deren Mitglieder einander persönlich bekannt und nicht beliebig austauschbar sind. Ein anderes Beispiel für solche Gruppen liefert der Afrikanische Elefant.

Die typische Gruppe beim Afrikanischen Elefanten besteht aus bis zu 20 Kühen mit ihrem Nachwuchs und wird im allgemeinen von der ältesten Kuh angeführt. Da Elefanten auch im Erwachsenenalter an Körpergröße zunehmen, ist es das größte und stärkste Tier, das die Gruppe bei ihren Wanderungen anführt und vor Gefahren schützt. Wird die Leitkuh alt und schwach, nimmt eine jüngere allmählich ihren Platz ein. Stirbt jene plötzlich, gerät die ganze Gruppe geradezu in Panik und droht zu zerfallen. In solchen *matriarchalisch* organisierten Gruppen werden die Jungen nicht nur von ihren Müttern, sondern auch von anderen Kühen betreut. Der Nachwuchs beider Geschlechter erfährt eine optimale Brutpflege. Treten aber die männlichen Nachkommen allmählich ins Erwachsenenalter ein, werden sie von den Kühen weggedrängt und im Alter von 13 Jahren schließlich vertrieben. Erwachsene Elefantenbullen leben entweder allein oder in lockeren Banden. Wenn sie Gruppen bilden, dann wetteifern sie um dominante Positionen. Der Wettbewerb wird üblicherweise durch ihre jeweilige Körpergröße entschieden und nimmt in der Nähe von paarungsbereiten Weibchen an Härte zu. Bullengruppen begleiten oft – vor allem während der Regenzeit – Gruppen von Elefantenkühen.

Von solchen strikt organisierten Sozietäten wie den Pavian- oder Elefantengruppen mit jeweils engen persönlichen Bindungen unter den Einzeltieren sind manche anderen Formen der Gruppenbildung, die in vielen Tierklassen anzutreffen sind, völlig verschieden.

Viele Vögel – häufig Arten, die in Küstennähe leben (etwa Pinguine, Seeschwalben und Möwen) – bilden *Brutkolonien*, die weit über 100 000 Paare umfassen können. Ihre Gruppen sind *offene Gesellschaften*, die Individuen weitgehend anonym und nahezu beliebig austauschbar. Es fehlt ein engeres soziales Band. Zwar sind in einer Brutkolonie von Möwen einzelne Individuen zumindest ihren Nachbarn persönlich bekannt, aber diese punktuell auftretende Bekanntschaft ändert nichts am Gesamtverhalten der Kolonie, das sich auch im Falle des Todes einzelner Tiere nicht ändert. Was also treibt so viele Möwen zusammen? Die Kolonie bietet einen erhöhten Schutz vor Feinden. Schon rein statistisch gesehen ist die Wahrscheinlichkeit für das Individuum, in einer Kolonie von einem Feind getötet zu werden, relativ gering, jedenfalls ungleich geringer als für einen einsam brütenden Vogel. Warum dann nicht alle Vogelarten Kolonien bilden, bleibt allerdings noch zu erörtern (S. 27).

Was also Individuen einer Art zusammenführt und zusammenhält, ist der relative Schutz, den ihnen eine Gruppe bietet. Das gilt im großen und ganzen in gleicher Weise für geschlossene wie für offene Gesellschaften. Es gibt freilich noch andere «Motive», mit Artgenossen zusammenzukommen, und sei es auch nur vorübergehend. Wenn sich im Winter an einer bestimmten Stelle Vögel scharen, die in den anderen Jahreszeiten kaum etwas miteinander zu tun haben, dann ist dafür die effektivere Nahrungssuche in Gemeinschaft ausschlaggebend. Vier Augen sehen bekanntlich besser als zwei, und zwanzig (oder mehr) Augen sehen freilich noch besser. Für ein Individuum mag die Wahrnehmung einer größeren Ansammlung von Artgenossen an einem bestimmten Platz zugleich ein Signal sein, daß es dort sozusagen etwas zu holen gibt. (Es gilt das Sprichwort: Wo Tauben sind, fliegen Tauben zu.) Allerdings handelt es sich in vielen solcher Fälle nicht um Gruppen im engeren Sinn, sondern um bloße *Aggregationen* oder *Tieransammlungen*, die sogar aus Individuen verschiedener Arten bestehen können, beispielsweise Zebras und Antilopen in einer Herde. Die Ursache des Zusammenkommens ist hierbei ein äußerer Faktor, vor allem die Verfügbarkeit von Nahrung oder eine Wasserstelle. Auch wo sich aasfressende Tiere, wie Geier und Hyänen, zusammenfinden, kann man von keinem sozialen Band reden, denn was sie «verbindet», ist bloß ihre Ernährungsweise und ein zufällig an einem bestimmten Ort verendetes Tier.

Für die Soziobiologie in erster Linie von Interesse ist allerdings die Gruppenbildung im engeren Sinn. Dabei hat sie es mit sehr verschiedenen Formen der *Sozialität* (Geselligkeit unter artgleichen Individuen) zu tun. Tabelle 2 gibt eine Übersicht über ihre typischen Formen und deren Bezeichnungen. In Tabelle 3 sind jene Tierklassen aufgelistet, bei denen soziales Verhalten (im engeren oder weiteren Sinn) vorkommt und in unterschiedlichen spezifischen Verhaltensweisen (wie Brutpflege, Revierverteidigung oder Altruismus [S. 54 ff.]) seinen Ausdruck findet.

Soziales Verhalten tritt aber nicht nur bei gruppenbildenden Arten auf, sondern – in zeitlich oft sehr begrenzter Form – auch bei solitär lebenden Spezies. Die meisten Tierarten pflanzen sich geschlechtlich fort, das heißt, die Reproduktion erfordert ein Zusammentreffen der beiden Geschlechter. Die bilden dann – vorübergehend – eine *Geschlechtergemeinschaft*. Selbst ein extremer Einzelgänger wie der Kuckuck entwickelt mithin ein Mindestmaß an sozialem Verhalten, wenn sich Männchen und Weibchen während der Fortpflanzungszeit zusammenfinden. Reproduktive Strategien sind, wie wir noch sehen werden, für die Soziobiologie von besonderem Interesse. Beide Geschlechter müssen einiges an Energie aufwenden, um sich mit dem jeweils anderen Geschlecht erfolgreich zu paaren.

Tab. 2: Einige Gruppenbezeichnungen; grundlegende Gruppenformen

Familie	Eine generationenübergreifende Gruppe, bestehend aus einem Weibchen, einem Männchen (oder zumindest einem von beiden) und deren Nachwuchs (Kernfamilie).
Sippe, Clan	Familienverband (Gruppe von mehreren Familien, die miteinander im engeren Sinn genetisch verwandt sind. Beispiel: Jäger-und-Sammler-Gesellschaften beim Menschen).
Harem	Gruppe, bestehend aus einem Männchen und mehreren Weibchen mit Nachwuchs (Beispiel: Löwen).
Herde	Meist größere Gruppe (oft Hunderte oder Tausende Individuen), im wesentlichen ein Familienaggregat (Beispiel: Bisons).
Rudel	Gruppe verwandter Individuen, die vor allem durch gemeinsames Jagen zusammengehalten werden (Beispiel: Wölfe).
Allianz	Freundschaftsbund zwischen wenigen (zwei oder drei) Männchen zur Sicherung der eigenen Überlegenheit gegenüber einem stärkeren Männchen (Beispiel: Paviane).
Schwarm	Auch Schar; meist sehr große Gruppe von zeitlich begrenzter Dauer, deren Individuen sonst oft solitär leben (Beispiel: Wanderheuschrecken).
Insektenstaat	Sozialverband vor allem bei Ameisen, Termiten und Bienen mit strenger Funktions- und Arbeitsteilung. Er besteht aus einem oder wenigen geschlechtsreifen Weibchen (Königinnen), geschlechtsreifen Männchen (Drohnen) und Weibchen mit zurückgebildeten Geschlechtsorganen (Arbeiterinnen), bei Termiten noch einem König und männlichen Arbeitern.
Volk	Bei der Honigbiene deutlich abgegrenzte Sozietät, auch *Bien* genannt. Beim Menschen eine auf Blutsverwandtschaft und/oder Sprachgemeinschaft aufgebaute Gesellschaft.
Kolonie	Bei wirbellosen Tieren ein durch engen physischen Zusammenhang der Individuen charakterisierter Verband (*Tierstock*), bei dem die Einzeltiere aus ungeschlechtlicher Vermehrung hervorgegangen sind (Beispiel: Hohltiere). Bei Vögeln Brutgemeinschaft, die oft 100 000 oder mehr Paare umfaßt (Beispiel: Möwen).

Tab. 3: Tierklassen, in denen soziales Verhalten auftritt

Wirbellose Tiere

Polypentiere, Korallen, Moostiere, Kelchwürmer	Kolonien (Tierstöcke)
Spinnentiere	Schwarmbildung; «kommunales Spinnennetz»
Insekten	
Heuschrecken u. a.	Schwarmbildung
Ameisen, Termiten, Bienen, Hummeln, Wespen	Staatenbildung, Kasten; Individuen nicht beliebig austauschbar

Wirbeltiere

Knochenfische	Schwarmbildung; Ansätze zur Brutpflege
Amphibien	«Gesangsvereine» von Männchen; bei Froschlurchen Brutpflege; Revierverhalten
Reptilien	Bei Alligatoren Ansätze zur Brutpflege; bei einigen Arten Revierverhalten; Herdenbildung bei einigen ausgestorbenen (Saurier-) Arten
Vögel	In den meisten Ordnungen ausgeprägte Formen sozialen Verhaltens; Brutkolonien (Pinguine, Möwen u. a.); Revierverhalten (viele Singvögel u. a.); Monogamie (Graugans); Altruismus
Säugetiere	Ausgeprägte Formen sozialen Verhaltens vor allem bei Delphinen, Huftieren, Elefanten, Nagetieren, Raubtieren und Primaten; Brutpflege, Revierverhalten; Altruismus

Vor- und Nachteile
des Lebens in Gruppen

Ein einfacher Versuch zeigt, daß Ameisen auf das Zusammenleben mit ihren Artgenossen angewiesen sind. Fängt man eine einzelne Ameise und hält sie isoliert bei optimalen Lebensbedingungen (ausreichende Ernährung, günstige Temperatur und so weiter), dann wird sie schon nach wenigen Tagen sterben. Hält man sie aber bei gleichen Lebensbedingungen mit ihren Artgenossen, dann fühlt sie sich offensichtlich «wohler» und kann eine Lebensdauer von einem Jahr oder mehr erfahren. Für die Ameisen ist das soziale Leben unverzichtbar, und ihr Leben in Gruppen verschafft ihnen große Vorteile.

Zwei Vorteile der Gruppenbildung wurden nun schon genannt: Schutz vor Feinden und effektive, gemeinsame Nahrungssuche. Große und wehrhafte Tiere, die praktisch keine natürlichen Feinde haben, beispielsweise Eisbären oder Tiger, können sich eine solitäre Lebensweise leisten. Kleine und wenig wehrhafte Tiere, wie Nagetiere, oder auch größere pflanzenfressende Arten, etwa Antilopen, sind besser beraten, wenn sie in Gruppen umherziehen. Die Größe der Gruppe verwirrt den Feind, er kann sich schwer auf ein bestimmtes Individuum als potentielle Beute konzentrieren, und wenn er doch ein Tier erwischt, dann meist ein schwaches und langsames. Aber auch bei größeren Raubtieren kann sich Gruppenbildung auszahlen, wie vor allem die Wolfsrudel zeigen. Im Rudel können die Wölfe auch größere Tiere wie Büffel erlegen, denen ein einzelner Wolf nicht gewachsen wäre. Allerdings setzt das ein hohes Maß an Kooperation voraus (S. 33).

Es gibt aber noch weitere Vorteile des Lebens in Gruppen. Wenn Tiere auf die wiederholte Nutzung von Ressourcen angewiesen sind und stets die gleichen Brut- oder Weidegebiete benötigen, dann können sie diese kollektiv besser verteidigen. Auf den ersten Blick könnte es scheinen, daß es für ein Individuum am besten ist, wenn es ein möglichst großes Gebiet für sich allein hat und dieses verteidigt. Allerdings stellt sich dabei die Kostenfrage. Wenn die gemeinsame Verteidigung jedem Indivi-

duum geringe Kosten (geringen Einsatz) abverlangt, aber hohen
Nutzen bringt, dann zahlt sie sich natürlich aus, und die Selek-
tion unterdrückt das solitäre Bemühen um die Sicherung von
Arealen.

Nicht zu übersehen ist ferner der Vorteil des *sozialen Ler-*
nens (S. 70, 78 f.). Jungtiere, die in einer Gruppe aufwachsen,
haben die Möglichkeit, sich von den Erwachsenen Überlebens-
strategien «abzuschauen». Sie lernen beispielsweise, wie man
einer Beute auflauert oder welche Gefahren vermieden werden
müssen. Dieser Vorteil der Gruppenbildung tritt bei den Primaten besonders deutlich zum Vorschein. Primaten verfügen im
allgemeinen über ein sehr komplexes Gehirn und eine entsprechende Lernfähigkeit. Aber auch bei anderen Spezies, vor allem
unter den Säugetieren, spielt das soziale Lernen eine wichtige
Rolle.

Schließlich läßt sich noch ein Vorteil des Gruppenlebens zumindest an einigen Sozietäten aufzeigen. Vor allem in Insektenstaaten gibt es sterile Kasten oder «Helfer am Nest», die sich
nicht selbst fortpflanzen, aber andere bei ihrer Fortpflanzung
unterstützen. Insektenstaaten sind durch ein über Generationen
bestehendes (kooperatives) Gruppenleben gekennzeichnet, das
nur einem oder wenigen Individuen die Fortpflanzung gestattet,
während die anderen Individuen die Rolle von Helfern über-
nehmen. Dieses Phänomen wird als *Eusozialität* bezeichnet.
Prinzipiell könnten die Helfer abwandern und sich an einem
anderen Ort reproduzieren. Oft ist es aber für sie wesentlich
günstiger, in ihrer Gruppe zu bleiben und auf eigene Fortpflanzung zu verzichten. Reproduktive Selbstbeschränkung findet sich
daher auch bei verschiedenen Arten von Fischen, Vögeln und
Säugetieren, die nicht eusozial organisiert sind. Unter bestimmten ökologischen (und ökonomischen) Bedingungen ist sie auch
beim Menschen anzutreffen. Von manchen bäuerlichen Gesellschaften ist bekannt, daß die ältere Tochter den Hof erbt, hei-
ratet und eigene Kinder hat, die jüngere aber ehe- und kinder-
los am Hof ihrer Schwester lebt und diese unterstützt. Damit
bleibt sie zwar ökonomisch und sozial abhängig, vermeidet aber
das Risiko einer ungewissen «eigenständigen» Zukunft, zumal

sie – da keine Erbin – auch relativ geringere Chancen hätte, einen Mann zu finden.

Unter den Wirbeltieren ist die Ausbildung steriler Kasten wie im Insektenstaat allerdings nur von einer Art bekannt. Es handelt sich dabei um den Nacktmull, ein Nagetier, das in trockenen Regionen Ostafrikas dauerhaft unterirdisch lebt. Der Nacktmull ist relativ klein und erinnert wegen des fast vollständigen Fehlens von Körperbehaarung und Pigmentierung an ein neugeborenes Tier (Abb. 2). Seine Gruppen bestehen aus etwa 80 (mindestens 25, maximal rund 300) Individuen und leben in einem sicheren, expandierbaren Nest, wo auch künftige Generationen untergebracht werden können und Nahrung in Form von Wurzeln und Knollen verfügbar ist. Nur ein Weibchen der Gruppe pflanzt sich fort; es wird von den anderen (kleineren und kurzlebigeren) Weibchen mehrmals jährlich bei der Aufzucht der Jungen unterstützt. Nur die besondere Lebensweise des Nacktmulls läßt diese für ein Säugetier merkwürdige Gruppenbildung plausibel erscheinen. Für ein Einzeltier wäre es praktisch unmöglich, sich in einer rauhen Umwelt mit un-

Abb. 2: Nacktmullen in ihrem unterirdischen Nest.

gleichmäßig verteilten Ressourcen ausreichend Nahrung zu verschaffen, dabei gleichzeitig Feinden zu entgehen, in harter, trockener Erde einen Bau zu graben und dann noch Junge aufzuziehen.

Ganz generell hat das Leben in Gruppen für die daran Beteiligten freilich auch seine Nachteile. So erhöht enges Zusammenleben für das Individuum das Risiko, sich mit Krankheiten anzustecken. Dazu liefert nicht zuletzt der Mensch mit seinen urbanen Großgesellschaften viele Beispiele (Pest, Cholera, Typhus). Ferner erhöht sich in der Gruppe die Konkurrenz um Nahrung, Raum und Geschlechtspartner. Es kommt sicher nicht von ungefähr, daß soziale Raubtiere nur ziemlich kleine Gruppen bilden. In einer Großgruppe von Wölfen wäre der Konkurrenzdruck zu stark, das soziale Band würde bald reißen und die Gruppe auseinanderfallen. Damit würde kein Wolf mehr die Vorteile des Lebens in der Gruppe genießen können. Aber auch bei anderen Tieren kann das Anwachsen der eigenen Gruppe zu Problemen führen. Ein Beispiel liefern die Lemminge. Zu bestimmten Zeiten kann man bei diesen in Skandinavien lebenden Nagetieren eine durch ein Überangebot von Nahrung schnelle Zunahme der Nachkommenzahl und Generationenfolge beobachten. Werden die Ressourcen wieder knapp, kommt es zu einer Massenemigration der überzähligen Tiere. Das können Tausende Individuen sein, die aber nicht gemeinsam, sondern einzeln aufbrechen. An einem natürlichen Hindernis, zum Beispiel einem Fluß, kommt es allerdings zu Massenansammlungen, die wiederum eine Massenbewegung ins Wasser bewirken können, wobei dann unzählige Tiere ertrinken. Die Anwesenheit von zu vielen Artgenossen auf beschränktem Raum fördert *sozialen Streß* und kann Panikreaktionen verursachen – das zeigt sich heute immer deutlicher bei unserer eigenen Spezies. Ein zu enges Zusammenrücken vieler Individuen einer Spezies kann aber überall zu Katastrophen führen. So fügen manche Arten der sehr geselligen Webervögel mehrere ihrer Nester zu einem Gemeinschaftsbau zusammen. Bei einer Art findet sich unter einem Kuppeldach, einer riesigen Bienenwabe ähnlich, eine Vielzahl von Grasnestern. Da die Kolonie Jahr für

Jahr erweitert wird, können ganze Äste, auf denen die Nester gebaut werden, unter der zunehmenden Last abbrechen und den ganzen Bau mit in die Tiefe ziehen. Schließlich kann das Gruppenleben zu Degenerationserscheinungen führen, jedenfalls dann, wenn langfristig keine oder bloß sehr wenige gruppenfremde Individuen aufgenommen werden.

Das Gruppenleben hat also seinen Preis – und muß mitunter teuer bezahlt werden –, allerdings zählt in der Evolution nur die Gesamtbilanz. Da Sozialität bei unzähligen Arten in unterschiedlichen Formen vorkommt, muß sie sich sozusagen unter dem Strich rechnen. Die natürliche Auslese eliminiert mittel- bis langfristig alles, was sich nicht bewährt. Die Gruppenbildung aber hat sich bewährt – bei verschiedenen wirbellosen Tieren ebenso wie bei Wirbeltieren! Ihre Vorteile müssen also ihre Nachteile überwiegen.

Gruppen als evolutionsstabile Einheiten

Zweifelsohne hätten viele Arten in der Evolution nicht lang überlebt, wenn sie die Gruppenbildung nicht «erfunden» hätten. Dabei soll hier nicht darüber spekuliert werden, wann und unter welchen Umständen in der Evolution das Phänomen der Gruppenbildung zum ersten Mal auftrat. Tatsache ist, daß viele Arten von der Sozialität profitieren und sich nur aufgrund der Zusammenschlüsse ihrer Individuen zu Gruppen in der Evolution halten konnten. Gruppen sind sozusagen evolutionsstabile Einheiten, die bei vielen Arten die Unbilde der Natur besser bewältigen können, als es solitär lebende Individuen der betreffenden Arten tun könnten. Nicht zuletzt verdankt auch der Mensch den bisherigen Erfolg seiner Gattung in erheblichem Maße dem Umstand, daß er ein soziales Lebewesen ist.

Man kann soziales Verhalten wie ein biologisches Organ studieren. So wie beispielsweise in der Evolution der Wirbeltiere unterschiedliche Fortbewegungsorgane (Flossen, Flügel, Beine) entstanden sind, die den betreffenden Arten Vorteile bringen, so sind auch verschiedene soziale Verhaltensweisen aufgetreten, die ebenso im Hinblick auf ihre Evolutions- beziehungsweise

Selektionsvorteile betrachtet werden können. Aber so wie Organe in ihrer spezifischen Gestaltung, Größe und Leistungsfähigkeit von Art zu Art (sogar bei stammesgeschichtlich eng verwandten Arten) variieren können, können sich auch soziale Verhaltensweisen stark voneinander unterscheiden. Wenn sich Gruppen als evolutionsstabile Einheiten erweisen, dann hat das natürlich verschiedene Gründe. Die Einzelgänger in der Tierwelt demonstrieren uns ja, daß es prinzipiell auch anders geht. Ökologische Faktoren sind maßgeblich dafür verantwortlich, daß manche Arten sehr sozial sind, andere weniger oder überhaupt nicht.

Zum Unterschied von Pinguinen oder Möwen brüten beispielsweise Spechte allein. Im Lebensraum Wald kann man sich das enge Zusammenleben von 100000 Vogelpaaren auch schwer vorstellen. Aber Spechte haben eine ganz andere Strategie entwickelt, um sich und ihren Nachwuchs vor Feinden zu schützen. Aufgrund ihrer hervorragend dazu geeigneten Schnäbel höhlen sie vor allem Baumstämme aus und nisten in Bruthöhlen. Diese bieten eine relativ stabile Umwelt – ausgeglichene Temperaturverhältnisse, Schutz vor Wind und Regen – und eignen sich auch sehr gut als Versteck vor Feinden. Ein Specht hätte also gar nichts davon, in großen Gruppen zu leben. Andererseits ist es sicher kein Zufall, daß ihre Anatomie Pinguinen oder Möwen das Aushöhlen von Baumstämmen nicht erlaubt. Schließlich waren sie nie mit den Anforderungen des Waldlebens konfrontiert. Wir können zweierlei festhalten:

1. Jede Art ist in ihrer «Konstruktion» und ihrem Verhalten eine von der Selektion ausgewählte Antwort auf ihre spezifischen Lebensbedingungen.
2. Jede Form sozialen Verhaltens ist das von der Selektion erzwungene Resultat komplexer Wechselwirkungen zwischen anatomischen Strukturen, physiologischer Leistungsfähigkeit und ökologischen Faktoren.

Artwohl oder Eigennutz?

In der klassischen Verhaltensforschung ging man davon aus, daß an Individuen beobachtbare Verhaltensweisen dem Überleben der betreffenden Art dienen. Demnach hätte der Zusammenschluß von Pinguinen oder Möwen zu Kolonien den Zweck, die Arten dieser Vögel zu erhalten, so wie jeder Specht, der einen Baumstamm aushöhlt, bloß seiner Art dienen würde (auch wenn ihm das nicht bewußt zu sein braucht und natürlich nicht bewußt ist). Konrad Lorenz sah selbst im aggressiven Verhalten von Artgenossen untereinander das Artwohl im Vordergrund und dachte, daß sich auch aus Kämpfen ums Revier oder um ein Weibchen, bei dem stets der Kräftigere gewinnt – in der Regel ohne den Unterlegenen zu töten –, für die betreffende Art Vorteile ergeben. Lorenz ging davon aus, daß eine (angeborene) *Tötungshemmung* das Töten von Artgenossen verhindert. Nur etwa unter dem Einfluß der Domestikation «degenerierte» Tiere, bei denen diese Hemmung nicht mehr vorhanden ist, würden einen Artgenossen umbringen. Zahlreiche Beobachtungen legen inzwischen eine andere Sicht der Dinge nahe.

Viele Untersuchungen an Languren, in Südasien lebenden Affen der Gattung *Presbytis* aus der Familie der Schlankaffen (Abb. 3), brachten schon vor geraumer Zeit verblüffende Ergebnisse. Diese Primaten leben in geschlossenen Harems mit je einem erwachsenen Männchen und bis zu 30 erwachsenen Weibchen mit ihren Jungen. Die auf diese Weise von der Fortpflanzung ausgeschlossenen Männchen versuchen von Zeit zu Zeit die «Haremsbosse» zu vertreiben und deren jeweilige Positionen einzunehmen. Dabei geschieht es häufig, daß bei einem gelungenen Männchenwechsel der Eindringling (und neue Boß) die Jungtiere des übernommenen Harems durch Bisse tötet (*Infantizid* oder Kindestötung). Ähnliche Beobachtungen machte man beispielsweise auch an Löwen. Löwenmännchen sind zwar gegen ihre eigenen Jungen durchaus freundlich, töten aber oft den Nachwuchs einer Löwin, mit der sie sich paaren wollen und deren Junge von einem anderen Löwen gezeugt wurden.

Abb. 3: Gruppe von Hanuman-Languren, die auch als Tempelaffen
bekannt sind und in Indien religiös verehrt werden.

Das sind nur zwei Beispiele – es gibt ihrer inzwischen viele –,
die zeigen, daß Tiere ihre eigenen Artgenossen durchaus töten. Mit Arterhaltung oder Artwohl kann das allerdings nichts
zu tun haben. Soziobiologen gehen denn auch davon aus,
daß bei jedem Individuum das eigene Fortpflanzungsinteresse
(S. 33 ff., 49) und nicht das «Artinteresse», im Vordergrund
steht. «Die Erhaltung und Fortpflanzung des eigenen Erbgutes
hat Priorität vor der Erhaltung von Artgenossen ganz allgemein.
Das zeigt sich darin, daß Artgenossen geopfert werden, wenn
das der Ausbreitung des eigenen Erbgutes dienlich ist» (Wolf-
gang Wickler und Uta Seibt, *Das Prinzip Eigennutz*, S. 94). Damit aber kommt es zu einer entscheidenden Änderung des
Blickwinkels mit wichtigen Konsequenzen für die Theorie und
die Beurteilung empirischer Arbeiten.

Ein Paradigmenwechsel
in der Verhaltensforschung

Ein Paradigma ist, allgemein gesprochen, die Gesamtheit derjenigen Konzepte, Theorien und so weiter, die in einer wissenschaftlichen Disziplin von der Mehrzahl ihrer Vertreter anerkannt werden und auf deren Basis gearbeitet wird. Neue Beobachtungen und Überlegungen können zu einem *Paradigmenwechsel* führen. Ein solcher hat in der Verhaltensforschung mit der Soziobiologie stattgefunden. Im Unterschied zu den Vertretern der klassischen Verhaltensforschung sehen die Soziobiologen das Hauptproblem nicht in der Erhaltung der Art, sondern in der reproduktiven Eignung des Individuums. Sie deuten individuelles und soziales Verhalten nicht im Hinblick auf den Artvorteil, sondern interessieren sich für die Strategien, die Individuen – innerhalb eines sozialen Verbands – zur Sicherung ihrer eigenen Reproduktion entwickelt haben. Ihre Betrachtungsweise führt, wie wir noch sehen werden, zu manchen überraschenden Ergebnissen.

Die Forschungsstrategie der Soziobiologie besteht unter anderem in der Anwendung von *Kosten-Nutzen-Kalkulationen*. Das ist in der Verhaltensforschung relativ neu und nach wie vor für viele Leute befremdend. Ist in der Soziobiologie beispielsweise davon die Rede, welchen *Nutzen* ein Löwe aus der Tötung von Löwenbabys zieht oder warum Eltern etwas in ihre Kinder *investieren*, dann mag das erstens manchem gefühlsmäßige Probleme bereiten und zweitens den Eindruck hervorrufen, daß die Soziobiologen die Natur nach dem Vorbild der menschlichen Ökonomik beschreiben. Dieser Eindruck wäre falsch. Kein Soziobiologe denkt ernsthaft daran, daß die Natur nach dem Vorbild von Wirtschaftssystemen beschrieben werden könne, wohl aber, daß auf beide Bereiche ein ähnliches Vokabular zutrifft, weil es eben da wie dort etwas zu gewinnen – oder zu verlieren – gibt (Geld oder reproduktive Eignung) und weil in beiden Bereichen Wettbewerbssituationen auftreten. Ein Lebewesen kann nur existieren und sich fortpflanzen, wenn es genügend Energien aufbringt; das heißt, es benötigt Ressourcen, auf die aber auch andere Lebewesen Ansprüche anmelden, so daß der Wettbewerb unvermeidlich ist.

Was die emotionale Komponente betrifft, gilt für die Soziobiologie wie für jede andere naturwissenschaftliche Disziplin, daß ihre Aufgabe nicht darin besteht, ein romantisches Bild der Natur und des Menschen zu zeichnen und menschliche Gefühle zu befriedigen. Jeder Mensch mag bei der Beobachtung von Löwenbabys, Hundewelpen oder Ferkeln positive Gefühle entwickeln. Das ist sozusagen normal, weil die meisten kleinen Säugetiere unseren Hegeinstinkt wecken. Die Existenz kleiner Löwen, Hunde oder Schweine aber können wir nicht sozusagen aus dem Bauch heraus hinreichend erklären. Daß diese Tiere «niedlich» sind oder, besser gesagt, von uns als «niedlich» wahrgenommen werden, sagt zwar einiges über unser Wahrnehmungssystem aus, bedeutet aber ansonsten wenig. Gefühlsmäßig haben die meisten von uns größte Probleme mit der Tötung von Tier- und Menschenbabys. Auch Soziobiologen nehmen sich nicht davon aus. Volker Sommer, dem viele einschlägige Beobachtungen an Languren zu verdanken sind, schreibt folgendes dazu:

«Augenzeuge von Kindestötungen zu sein, geht mit extrem gemischten Gefühlen einher. Zwar kann ich nicht leugnen, später eine Art ‹Erfolgserlebnis› empfunden zu haben, solch seltene Vorkommnisse im Detail registriert zu haben. Während der Beobachtungen herrschte jedoch eher Abscheu gegenüber den Männchen vor. Nachdem ich monatelang bestimmte Säuglinge tagtäglich beobachtet hatte, fühlte ich mich den Kleinen auch gefühlsmäßig stark zugeneigt – und plötzlich brachte sie jemand um. Jahre später wich die Betroffenheit einer fatalistischen Abgeklärtheit – nicht zuletzt, weil Infantizide nicht zu verhindern sind.» (*Heilige Egoisten*, S. 179)

Gefühle dürfen nicht über Tatsachen hinwegtäuschen. Die Natur jedenfalls richtet sich nicht nach unseren Emotionen, die obendrein sehr einseitig orientiert sind. Wenige Menschen finden etwas dabei, einen Käfer zu zertreten oder eine Mücke zu zerdrücken, aber die meisten – zumindest in unserem Kulturkreis – sind nicht in der Lage, einen Hundewelpen oder ein Ferkel zu töten. (Daß sie ein Ferkel *essen* können, ist eine andere Geschichte.) Unsere Emotionen sind selbst Bestandteil unseres eigenen stammesgeschichtlichen Erbes und daher kaum geeignet, die Natur «objektiv» zu beurteilen. Daß sie aber eine wichtige stabilisierende Rolle in einer Sozietät haben, ist unbestritten. Die Ausbildung und Entwicklung von Gefühlen muß daher von der Selektion gefördert worden sein.

Konflikt und Kooperation

Beim Studium des sozialen Verhaltens der Lebewesen stößt man auf ein zunächst paradox anmutendes Phänomen. Einerseits ist es nicht schwer zu erkennen, daß sich Lebewesen «egoistisch» verhalten: Sie nehmen einander das Futter weg, vertreiben sich gegenseitig aus ihren jeweiligen Revieren und buhlen um die Gunst des jeweils anderen Geschlechts. Andererseits sind sie zu oft erstaunlichen kooperativen Leistungen imstande und helfen einander. In vielen Sozietäten warnt ein Individuum seine Gruppengenossen vor einem herannahenden Feind, bei vielen Arten betreiben die Erwachsenen eine teils recht intensive Brutpflege und beschützen die Jungen (oft unter größter Gefahr für ihr eigenes Leben). Wie konnte in einer Welt von Egoisten überhaupt die Neigung zu kooperativem Verhalten und zur Hilfeleistung entstehen? Wenn man Tiere – und Menschen! – auch nur oberflächlich beobachtet, sieht man, daß sie fortgesetzt miteinander in Konflikte geraten, die mitunter gewaltsam gelöst werden und zur Tötung daran beteiligter Individuen führen können. Im Gegensatz dazu stehen Kooperation und Hilfe, die allerdings ebenso schon bei oberflächlicher Beobachtung erkennbar sind. Dieser (scheinbare!) Widerspruch hat lange Zeit viele Rätsel aufgegeben, läßt sich aber mit Konzepten der Soziobiologie gut in Einklang bringen.

Fortpflanzungsinteressen

Das Grundproblem des Lebens besteht darin, sich fortzupflanzen. Daran ist wenig zu rütteln. «Eine genetisch bedingte Neigung zur Kinderlosigkeit hätte natürlich keine große evolutionäre Zukunft!» (David P. Barash, *Soziobiologie und Verhalten*, S. 85). Es ist aber bemerkenswert, wie viele und vielfältige Strategien und Systeme der Fortpflanzung – und damit des genetischen Überlebens – in der Evolution entstanden sind. Sie sind unterschiedliche Lösungen jenes Problems. Auf welche Weise sich ein Individuum erfolgreich fortpflanzt, hängt von verschiedenen – nicht zuletzt ökologischen – Faktoren ab. Grundsätzlich gibt es zwei Wege, das genetische Überleben zu sichern:

1. Die Produktion möglichst vieler Nachkommen, gleichsam nach der Devise «Die Menge soll es machen». Dabei wird in jeden einzelnen Nachkommen wenig oder nichts investiert. Aufgrund einer statistischen Wahrscheinlichkeit bleibt der eine oder andere Nachkomme so lange am Leben, bis er sich selbst fortpflanzen kann.
2. Die Zeugung sehr weniger Nachkommen, die aber optimal betreut werden, sozusagen nach dem Motto: «Jeder ist ein kostbares Gut, das es zu schützen gilt.» Die Wahrscheinlichkeit, daß wenige sehr gut betreute Nachkommen das Fortpflanzungsalter erreichen, ist relativ hoch.

Ein – schon geradezu extremes – Beispiel für den ersten Weg ist die Auster, die bis zu 500 Millionen Eier jährlich (!) produziert. Bei dieser Produktionsmenge ist es allein aus «technischen» Gründen unmöglich, sich um ein einzelnes Ei in irgendeiner Weise zu kümmern. Den zweiten Weg illustrieren Elefanten (S. 17). Eine Elefantenkuh bringt nur etwa alle vier Jahre ein Junges zur Welt. Bei einer durchschnittlichen Lebenserwartung von 30 bis 40 Jahren kann sie also insgesamt bloß fünf bis sieben Nachkommen haben. Denn auch die Tragezeit ist lang (im Mittel 22 Monate), und die Jungen werden praktisch bis ins Erwachsenenalter versorgt.

Den ersten Weg bezeichnet man als *r-Strategie*, den zweiten als *K-Strategie*. K steht für die Tragekapazität (*carrying capacity*) eines Lebensraums, r für die Wachstumsrate einer Population (= Gesamtheit miteinander kreuzbarer Individuen in einem bestimmten geographischen Raum). Die entscheidenden Unterschiede zwischen «r-Strategen» und «K-Strategen» veranschaulicht Tabelle 4. Daraus ist relativ leicht zu ersehen, wie ein Lebewesen «beschaffen» sein muß, um viel oder wenig in seine

Tab. 4: Unterschiede zwischen r-Strategen (links)
und K-Strategen (rechts)

Rasche Individualentwicklung und kurze Lebensspanne (ein Jahr oder weniger)	Langsamere Individualentwicklung und längere Lebensspanne
Relativ geringe Körpergröße	Relativ hohe Körpergröße
Relativ hohe Vermehrungsrate	Relativ niedrige Vermehrungsrate
Frühe Geschlechtsreife und früher Beginn des Fortpflanzungsalters	Spätere Geschlechtsreife und späterer Beginn des Fortpflanzungsalters
Kurze Geburtenabstände	Längere Geburtenabstände
Hohe bis sehr hohe Wurfgröße (oder Zahl der abgelegten Eier)	Geringe Wurfgröße (oder Zahl der abgelegten Eier)
Geringe oder keine elterliche Fürsorge	Ausgeprägte elterliche Fürsorge
Hohe bis sehr hohe Sterblichkeitsrate	Eher geringe Sterblichkeitsrate
Gering ausgeprägtes Sozialverhalten (z.B. Bildung von Schwärmen)	Stark ausgeprägtes Sozialverhalten (z.B. Bildung von Rudeln)

Nachkommenschaft zu investieren. Wir kommen weiter unten noch darauf zurück.

Aber ungeachtet dieser Unterschiede bleibt das Faktum, daß Lebewesen ausgesprochene Fortpflanzungsinteressen haben, die bloß auf sehr verschiedene Weise verfolgt werden. Der biologische Imperativ zur Fortpflanzung ist universell. Nur durch die Fortpflanzung wird sichergestellt, daß Individuen auch in der nächsten Generation genetisch repräsentiert sind. Ihre Fortpflanzungsinteressen bestimmen daher das (soziale) Verhalten von Tieren und Menschen in ganz erheblichem Maße.

Der Ausdruck «Interesse» darf nicht mißverstanden werden. Er wird in der Soziobiologie in einem sehr allgemeinen Sinn verwendet. Niemand denkt dabei daran, daß ein Elefant oder gar eine Auster *bewußte* Interessen entwickeln und ihre Fortpflanzungsstrategien *bewußt* anwenden. Das gilt im übrigen auch für andere Ausdrücke, wie etwa «Egoismus» oder «egoistisch», die vielfach als Metaphern verwendet werden. In der Natur folgt nichts, auch keine Verhaltensweise, einer bestimmten Absicht. Wichtig ist nur, daß die Reproduktion gewährleistet wird. Es ist

aber nicht möglich, dafür Begriffe außerhalb unserer Sprach-
konventionen zu finden. Leider führt dieser Umstand immer
wieder zu schwerwiegenden Mißverständnissen und verleitet
manchen zu dem Glauben, Soziobiologen würden bloß
«menschliche Verhältnisse» auf Tiere übertragen, um von diesen umgekehrt wieder auf den Menschen zu schließen. Das ist
falsch. Es geht um die tierischen *und* menschlichen Verhaltensweisen zugrundeliegenden Mechanismen, die stets ein Ergebnis
der Evolution durch natürliche Auslese darstellen. Die Selek-
tionstheorie ist gleichsam die große Klammer, die verschieden-
ste Formen des (sozialen) Verhaltens in einer allgemeinen Erklärung zusammenfaßt.

Ein natürlicher Wettbewerb

Aus dem ausgeprägten Fortpflanzungsinteresse jedes Lebewesens folgen Wettbewerbssituationen. Jedes Lebewesen – ganz
gleich, ob r-Stratege oder K-Stratege – benötigt bestimmte Ressourcen. Es benötigt Raum und Nahrung. Freilich braucht der
Elefant ungleich mehr davon als die Auster, und ein Löwe
braucht mehr Platz und mehr zum Fressen als eine Maus. Aber
das sind bloß quantitative Unterschiede.

Darwin erkannte sehr richtig, daß sich Organismen potentiell unbegrenzt fortpflanzen können, ihre Ressourcen aber begrenzt sind. Er leitete daraus die Schlußfolgerung ab: Unter den
Individuen jeder Art kommt es zu einem Wettbewerb. Das
leuchtet ein. Insbesondere Artgenossen haben die gleichen Be-
dürfnisse. Sie haben die gleichen Ernährungsgewohnheiten, be-
setzen die gleichen ökologischen Nischen und wetteifern um die
Gunst des jeweils anderen Geschlechts ihrer Art. Bei diesem
Wettbewerb kommen freilich nicht alle zum Zug, manche bleiben auf der Strecke. *Survival of the fittest* (Überleben des Taug-
lichsten) bedeutet, daß nur diejenigen Individuen genetisch
überleben, die die relativ optimale Eignung besitzen. Das heißt,
sie müssen über bestimmte Strategien verfügen, mit denen sie
ihre Artgenossen übertreffen. Ein immer noch häufig anzutref-
fendes Mißverständnis ist, daß die «Stärksten» überleben. Das

ist einfach Unsinn. Ein Individuum kann auf sehr vielfältige
Weise seine Tauglichkeit unter Beweis stellen. Es kann beispielsweise schneller laufen oder eine Futterquelle früher auf-
spüren als andere seiner Artgenossen – und schon hat es diesen
gegenüber entscheidende Vorteile.

Der natürliche Wettbewerb darf nicht mit einem buchstäb-
lichen *Kampf* verwechselt werden. Es ist zwar nicht zu leugnen, daß Individuen einer Art sehr wohl Kämpfe miteinander
austragen – und dabei Zähne, Klauen, Krallen, Geweih und
Hörner einsetzen –, dennoch bedeutet Wettbewerb primär etwas ganz anderes: Welches Individuum genießt besondere Vorzüge bei der Partnerwahl? Das ist die entscheidende Frage. Die
Männchen der in Australien und auf Neuguinea beheimateten
Laubenvögel bauen recht kunstvolle Gebilde (Lauben), womit
sie die Aufmerksamkeit der Weibchen erregen (Abb. 4). Sie
kämpfen also nicht miteinander, sondern bringen ihre Vorzüge
ganz anders zum Ausdruck. Sogar körperliche «Mängel» können sie auf diese Weise kompensieren. Ein Männchen mit einem
prächtig geschmückten Federkleid muß sich mit seiner Laube
relativ wenig Mühe geben. Eintönig gefärbte Freier können
aber durch eine kunstvolle Laube ihre weniger attraktive Er-
scheinung wettmachen.

Abb. 4: Männchen eines Laubenvogels (rechts).
Es balzt vor einem Weibchen, das sich in seiner Laube aufhält.

Um es vereinfacht auszudrücken: Im (natürlichen) Wettbewerb ums genetische Überleben ist jedes Mittel erlaubt; Hauptsache, es führt zum Erfolg. Permanent erfolglose Strategien werden von der Selektion nicht gefördert. Früher als später müssen sie anderen, erfolgreicheren Strategien weichen.

Die ausgesprochenen Fortpflanzungsinteressen, die den natürlichen Wettbewerb beflügeln, führen allerdings unausweichlich zu Konflikten. Diese treten auf unterschiedlichen Ebenen auf und werden im Rahmen der Soziobiologie besonders aufmerksam studiert.

Der Geschlechterkonflikt

Was in der populären Presse oft etwas marktschreierisch als «Krieg der Geschlechter» beschrieben wird, ist ein Phänomen, das mit den unterschiedlichen Fortpflanzungsinteressen von Männchen und Weibchen zusammenhängt. (Die sich auf ungeschlechtliche Weise fortpflanzenden Lebewesen sind in diesem Zusammenhang «naturgemäß» unerheblich.) Die beiden Geschlechter investieren in der Regel nicht gleich viel in ihre Nachkommen. Und so sind Konflikte programmiert. Wenn wir uns unsere eigene Spezies vor Augen führen, so erkennen wir sofort, daß die Fortpflanzung Frauen ungleich stärker belastet als Männer. Diesen bleiben die neunmonatige, kräftezehrende Schwangerschaft, der nicht selten von Komplikationen begleitete und schmerzhafte Vorgang des Gebärens und die Betreuung des Kindes unmittelbar nach seiner Geburt verständlicherweise erspart. Männer können im Laufe ihres Lebens wesentlich mehr Nachkommen zeugen als Frauen austragen und gebären können. Ein marokkanischer Sultan aus dem 18. Jahrhundert soll 888 Kinder gezeugt haben. Das stünde im Bereich des Möglichen. Den absoluten Rekord auf der «weiblichen Seite» erreichte – ebenfalls im 18. Jahrhundert – eine russische Bäuerin mit insgesamt 27 Schwangerschaften und 69 Nachkommen (sechzehn Zwillingspaare, sieben Drillinge und vier Vierlinge!).

Bei anderen Säugetierarten verhält es sich genauso oder doch sehr ähnlich. Da die Weibchen während der Schwangerschaft keine weiteren Nachkommen hervorbringen, die Männchen aber ihre Gene potentiell ununterbrochen weitergeben können, ist es nicht verwunderlich, daß Weibchen vielfach versuchen, ein Männchen für längere Zeit an sich zu binden. Bei vielen, der überwiegenden Mehrzahl der Spezies neigen die Männchen zur *Polygynie* («Vielweiberei») und versuchen also, sich mit möglichst vielen Weibchen zu paaren. Das geht auf Kosten der Weibchen, weil diese die Männchen nicht in die Jungenfürsorge einbinden können. Einige Arten zeigen aber, daß es auch umgekehrt geht. Bei Nandus, südamerikanischen Straußen, beispielsweise bindet sich ein Weibchen im Laufe einer Fortpflanzungsperiode an verschiedene Männchen (*Polyandrie*, «Vielmännerei»). Nicht immer also haben die Weibchen das Nachsehen, und die Anstrengungen, die die Männchen im Sinne einer erfolgreichen Fortpflanzung auf sich nehmen, dürfen auch nicht unterschätzt werden. Sie müssen vielfach um ein Weibchen «kämpfen», ihre körperlichen Vorzüge demonstrieren oder gar Lauben bauen (siehe oben), um Erfolg zu haben.

Darwin entwickelte das Konzept der *sexuellen Selektion* und versuchte damit zu verdeutlichen, daß die Auswahl der Männchen von seiten der Weibchen eine große Bedeutung in der Evolution hat. Der Wettbewerb um Partnerinnen hat in der Evolution bei vielen Arten dazu geführt, daß sich die Männchen von den Weibchen deutlich unterscheiden, wobei nicht die primären Geschlechtsunterschiede gemeint sind, sondern andere Merkmale, die mit dem Fortpflanzungsakt direkt überhaupt nichts zu tun haben, aber oft bizarre Formen annehmen. Beispiele dafür sind die Schwanzfedern beim (männlichen) Pfau («Pfauenrad») und das besonders prachtvolle Federkleid der (männlichen) Paradiesvögel (Abb. 5). Bei vielen Vögeln und Säugetieren sind die Männchen größer als die Weibchen und besitzen etwa eine Mähne (Löwen) oder ein Geweih (Hirsche [nur bei den Rentieren sind auch die Weibchen damit «gesegnet»]). Solche Merkmale sind *Imponierorgane*, die den Weibchen weithin sichtbar die Zugehörigkeit zum anderen Geschlecht signalisieren.

Beide Geschlechter tun jedenfalls alles mögliche, um ihre Gene in die nächste Generation zu tragen. Dabei geht es aller-

Abb. 5: Männlicher Pfau mit seinen bemerkenswert langen
Schwanzfedern, die er zu einem «Rad» formen kann.

dings oft nicht sehr «vornehm» zu. Wenn der «normale» Weg –
die Demonstration eigener Vorzüge, Werben und so weiter – zu
nichts führt, werden allerlei Tricks angewendet. Bei manchen
räuberischen Insektenarten überreichen die Männchen den
Weibchen vor der Kopulation als «Geschenk» ihre Beute. Einige Arten umweben die Beute mit einem Seidengespinst, wohl,
um sie für die Weibchen auffälliger zu machen. Während die
Weibchen damit beschäftigt sind, das «Geschenk auszupak-
ken», haben die Männchen Zeit, mit ihnen zu kopulieren. Den
Höhepunkt dieser betrügerischen Aktivitäten erreichen einige
Arten, bei denen die Männchen den Weibchen nur noch die Ver-
packung – deren Inhalt sie vorher selbst gefressen haben – überreichen.

Bei anderen Arten verhalten sich die meisten Männchen zwar
«fair» und tun ziemlich viel, um Weibchen für sich zu gewinnen, während es sich einige ihrer Art- beziehungsweise Gruppengenossen sehr leicht machen: Sie investieren praktisch nichts
und haben dennoch ihren Fortpflanzungserfolg. Bei den «Ge-
sangsvereinen», die Frosch- und Krötenmännchen bilden, um
Weibchen anzulocken, finden sich immer wieder Männchen,
die sich das energieaufwendige Singen ersparen und stumm in
der Nähe der Rufer dasitzen. Diese als *Satelliten* bezeichneten
Männchen können aber durchaus reproduktiven Erfolg erzielen. Vor allem für sozial unterlegene Männchen ist diese «stum-
me» Taktik erfolgversprechend.

Allein diese Beispiele – und es gibt derer viele weitere – legen die Vermutung nahe, daß Lug und Trug im Dienste des Fortpflanzungserfolgs nichts Ungewöhnliches sind. Daß die Geschlechter einander betrügen, ist nicht zuletzt auch anhand unserer eigenen Spezies hinreichend dokumentiert. Richard Dawkins schreibt, es sei wahrscheinlich,

> «daß alle Männchen, ja alle Individuen ein kleines bißchen betrügerisch sind insofern, als sie dafür programmiert sind, jede Gelegenheit zum Ausnutzen ihrer Gatten wahrzunehmen. Die natürliche Auslese hat die großangelegte Täuschung auf einem recht niedrigen Niveau gehalten, indem sie die Fähigkeit des Partners, beim anderen Unehrlichkeit zu entdecken, verschärft hat. Das männliche Geschlecht kann durch Unehrlichkeit mehr gewinnen als das weibliche, und wir müssen selbst bei jenen Arten, deren Männchen beachtliche elterliche Selbstlosigkeit an den Tag legen, mit einer männlichen Tendenz rechnen, ein kleines bißchen weniger zu arbeiten als die Weibchen und ein kleines bißchen eher bereit zu sein, sich davonzumachen.» (*Das egoistische Gen*, S. 254)

Ausnahmen mögen die Regel bestätigen, aber sie bleiben eben Ausnahmen, und die Regel als solche ist ein Ergebnis der natürlichen Auslese.

Der Eltern-Kind-Konflikt

Was für die Beziehung der beiden Geschlechter untereinander gilt, gilt in ähnlicher Weise auch für die Beziehung zwischen Eltern und ihren Nachkommen. Eine uns aus dem Alltag gut bekannte Situation ist folgende. Eine Mutter mit ihrem Kind im Supermarkt kommt am Ende ihres Einkaufs an die Kasse, wo ihr Sprößling die – von den Betreibern aller Supermärkte aus verkaufspsychologischen Gründen dort plazierten – Süßigkeiten entdeckt und sofort etwas von den verlockend aussehenden Bonbons oder Schokoladen haben möchte. Die Mutter will zwar nichts mehr kaufen, kapituliert aber schnell. Das Kind erregt durch sein Schreien allgemeines Interesse, und die Kassiererin wird nervös. Um weitere Peinlichkeiten zu vermeiden, bleibt der Mutter meist nichts anderes übrig, als sich dem Wunsch des

Kindes zu fügen. Den meisten Müttern (und Vätern) in einer vergleichbaren Situation ist es wahrscheinlich nicht bewußt, daß sie von ihren Kindern *manipuliert* werden. Umgekehrt aber manipulieren auch Eltern ihre Kinder. Und das natürlich nicht nur beim Menschen.

Eltern stehen bei allen Spezies vor dem Grundproblem, wieviel an Zeit und Energie sie in den Nachwuchs investieren, welche Risiken sie für ihre Kinder in Kauf nehmen sollen. Ein weiteres Problem ist: Wenn schon ein Nachkomme da ist, soll man dann möglichst viel in ihn investieren oder die Energien besser für weitere Fortpflanzungsaktivitäten und neue Nachkommen sparen? Wie wir bereits gesehen haben, gibt es zwei unterschiedliche Strategien: Entweder ein Nachkomme wird intensiv und lang unter Verzicht auf baldige weitere Fortpflanzung betreut, oder jedes Kind wird so schnell wie möglich sich selbst überlassen, damit weitere Nachkommen produziert werden können. Welche dieser beiden Strategien zur Anwendung kommt, hängt von vielen (anatomischen, physiologischen, ökologischen) Gegebenheiten ab. Die Evolution hat Mechanismen entwickelt, die den Eltern von vornherein Lösungen in die Hand geben. Diese Lösungen fallen zum Beispiel bei den Eltern von Elefanten, Kaninchen oder Stubenfliegen ganz verschieden aus. So wie ein Elefant keine Möglichkeit hat, massenweise Nachkommen zu produzieren, so ist die Stubenfliege darauf programmiert, unzählige (bis zu 720) Eier zu legen und 4 bis 18 Generationen von Fliegen pro Jahr hervorzubringen.

Mit *Elterninvestment* wird in der Soziobiologie die Gesamtheit der Maßnahmen bezeichnet, die Lebewesen jeweils ergreifen, um Nachkommen zu zeugen und deren eigene reproduktive Eignung zu gewährleisten. Wie aus Tabelle 4 hervorgeht, investieren in der Regel größere Tiere mit durchschnittlich relativ hoher Lebenserwartung und langfristigem Reproduktionszyklus mehr in *einzelne* Nachkommen als kleine Tiere mit niedrigerer Lebenserwartung und schnellen Reproduktionsraten. Das entspricht durchaus einer «evolutionären Logik». Es kommt nicht überraschend, daß *Brutpflege* (= Gesamtheit der Verhaltensweisen, die Lebewesen bei der Aufzucht ihrer Jungen ent-

wickeln) und *Brutfürsorge* (= alle Verhaltensweisen von Eltern-
tieren, die ihrem Nachwuchs im voraus günstige Entwicklungs-
möglichkeiten bieten, zum Beispiel Nestbau) bei vielen, aber
eben nicht bei allen Arten vorkommen. So besteht ein Zusammenhang zwischen der individuellen Lebensspanne und
dem elterlichen Investment. Bei den Primaten – und allgemein
bei Säugetieren – ist die Zunahme der Lebensspanne mit einer
Zunahme des Elterninvestments verbunden (Abb. 6). Weibliche
Schimpansen werden erst mit zehn Jahren geschlechtsreif; da-
nach gebären sie nur etwa alle fünf Jahre ein Baby. In dieses investieren sie wesentlich mehr als beispielsweise die Weibchen
der südamerikanischen Weißbüscheläffchen, die ihr erstes Kind
schon mit einem Jahr werfen und dann in Abständen von fünf
bis sechs Monaten ein oder zwei Junge zur Welt bringen. Allgemein ist Brutpflege bei einer Art um so wahrscheinlicher, je
widriger die Umstände sind, unter denen die Jungen aufwach-

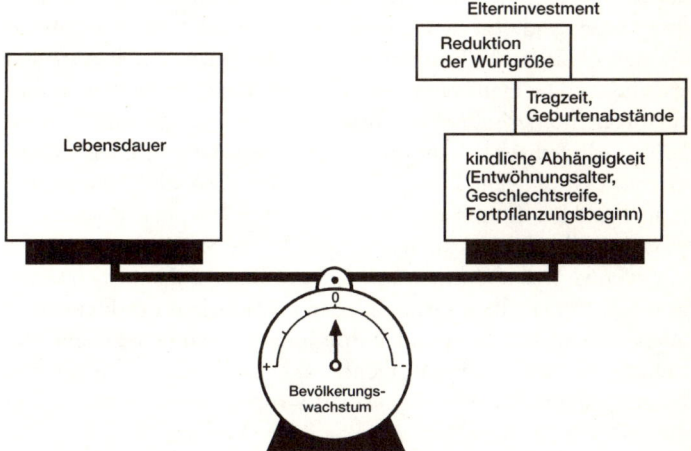

Abb. 6: Der balancierte Zusammenhang zwischen Lebenserwartung
und Elterninvestment. In stabilen Populationen ohne Wachstum
muß eine Zunahme des elterlichen Investments durch eine Zunahme
der individuellen Lebensdauer kompensiert werden, da sich sonst
die Bevölkerungsgröße verringern würde.

sen. Viele natürliche Feinde oder starke Konkurrenz unter Artgenossen führen zu einem Selektionsdruck auf die Entstehung von Strategien, die den Nachwuchs fördern. Die Brutpflege ist ein Mittel zur Umweltkontrolle und erhöht die Wahrscheinlichkeit, daß die eigenen Gene in den Nachkommen möglichst lang «fortleben».

Das Elterninvestment hat allerdings auch bei jenen Arten, die mehr oder weniger intensive Brutpflege und/oder -fürsorge betreiben, seine Grenzen. Das erklärt sich schon aus der einfachen Tatsache, daß jedem Organismus, so hoch seine Lebenserwartung auch sein mag, zur Fortpflanzung nur begrenzte Zeit und Energie zur Verfügung stehen. Daher werden Vögel oder Säugetiere, die sich zu lang im Nest oder Bau ihrer Eltern aufhalten, von diesen meist buchstäblich hinausgeworfen. Die Interessen beider und der daraus entstehende Interessenkonflikt sind verständlich: Wenn noch im fortpflanzungsfähigen Alter, «wollen» die Eltern in weitere Nachkommen investieren; die Kinder wiederum «wollen» so lange wie möglich ihre eigenen Kosten niedrig halten und von den Eltern profitieren. Bei manchen Arten können ökologische Rahmenbedingungen auch Mischstrategien erzwingen. Die Hausmaus betreibt Brutpflege, deren Dauer aber entsprechend der schnellen Entwicklung der Jungen und dem relativ niedrigen Alter, das Individuen ihrer Art erreichen (maximal vier Jahre), sehr kurz ist. Nicht immer jedoch kommen alle Jungen in den Genuß der Brutpflege. Bei knappen Ressourcen fressen weibliche Hausmäuse einen Teil ihres Wurfs und lassen nur wenige Nachkommen am Leben. Das ist insofern interessant, als in derselben Gruppe lebende Weibchen der Hausmaus unter «normalen» Umständen ihre Jungen sogar gemeinsam aufziehen, das heißt: Jedes Weibchen säugt nicht nur seine eigenen Jungen, sondern auch die seiner Gruppengenossinnen. (Eine interessante Parallele zum Afrikanischen Elefanten.)

Unter dem Aspekt von Kosten-Nutzen-Rechnungen ist der Eltern-Kind-Konflikt insgesamt durchaus verständlich. Er trat fortgesetzt auf, schon lange bevor der Mensch Supermärkte baute, und findet sich mit unterschiedlicher Intensität bei allen Arten.

Hier ist auch noch zu bemerken, daß Mütter – zumindest im allgemeinen – auch nach der Geburt ihrer Jungen doch mehr in ihren Nachwuchs investieren als Väter. Vor allem bei Vögeln und Säugetieren, die ein ausgeprägtes Brutpflegeverhalten entwickelt haben, kümmern sich in erster Linie die Mütter (oft ein Jahr oder noch länger) um die Jungen. Neben den Elefanten sind dabei beispielsweise auch die Bären zu erwähnen. Aber keine Regel ohne Ausnahme: Bei den monogam lebenden Graugänsen oder beim Rotfuchs beteiligen sich Väter ebenso an der Brutpflege wie Mütter. Bei den Nandus sind es sogar nur die Männchen, die die Brutgeschäfte erledigen. Ein Nandu-Männchen baut ein Nest, in welches jedes der Weibchen seines Harems Eier legt. Haben sich etwa 50 Eier angesammelt, vertreibt das Männchen die Weibchen, brütet die Eier aus und kümmert sich um den gesamten Nachwuchs. Die vertriebenen Weibchen schließen sich dem Harem eines anderen Männchens an. Dieser Vorgang kann sich im Leben eines Weibchens bis zu siebenmal wiederholen. In gewissem Sinne handelt es sich hier um eine für beide Geschlechter optimale Strategie: Jedes Männchen pflanzt sich mit verschiedenen Weibchen und jedes Weibchen mit verschiedenen Männchen fort. Allerdings sind die Kosten ungleich verteilt, und es liegt nahe, daß sich diese Fortpflanzungsstrategie nicht bei vielen Arten durchsetzen konnte.

Im allgemeinen sind die Weibchen meist stärker als die Männchen in die Reproduktionsgeschäfte verwickelt und investieren auch mehr in ihren Nachwuchs. Es sind die Weibchen der Säugetiere, die die Jungen säugen, und es sind die Weibchen der Vögel, die Eier legen (und in der Regel ausbrüten). Vielleicht erleben Weibchen gerade aus diesem Grund auch häufiger Konflikte mit ihren Jungen als die beteiligten Männchen. Prinzipiell läßt sich sagen, daß der Konflikt zwischen den Generationen – und zwischen Geschwistern, worauf gleich zurückzukommen sein wird – zu den nachteiligen Folgen eines intensiven Gruppenlebens gehört. Bei Spezies mit rascher Generationenfolge und gleichzeitiger Zeugung relativ vieler Nachkommen sind Konflikte viel häufiger als bei sozusagen sich sparsam fortpflanzenden Arten. Aber auch die kommen, wie der Afrikanische Elefant zeigt, um den Eltern-Kind-Konflikt nicht ganz herum.

Der Geschwisterkonflikt

Eltern-Kind-Konflikte stehen oft in engem Zusammenhang mit Geschwisterkonflikten. Deren dramatische Auswüchse finden im biblischen Brudermord – der Ackerbauer Kain erschlug seinen Bruder, den Viehzüchter Abel – einen lebhaften Ausdruck. Da jedes Kind von seinen Eltern oder zumindest seiner Mutter optimale Betreuung «erwartet», steht die Rivalität zwischen Geschwistern auf der Tagesordnung. Sie kann im Extremfall in der Tat zum *Siblizid*, zur Geschwistertötung, führen. Einer idealistischen Erwartung zufolge sollten sich Eltern um jeden ihrer Nachkommen in gleicher Weise kümmern, in jedes Kind also gleich viel investieren – aber diese Erwartung ist eben idealistisch, die Wirklichkeit sieht meist anders aus.

Für die Konkurrenz unter Geschwistern bieten Greifvögel gute Beispiele. Manche ihrer Arten legen regelmäßig zwei Eier, ziehen aber nur ein Junges auf, da die beiden Geschwister nicht gleichzeitig aus dem Ei schlüpfen. Ein größerer Zeitabstand zwischen den Geburten der beiden Tiere verschafft dem älteren einen Entwicklungsvorsprung, wodurch es den jüngeren dominieren und sich bei den Eltern – wenn es um die Verteilung von Futter geht – Vorteile verschaffen kann. Das jüngere Tier verhungert nicht selten innerhalb weniger Tage – oder es wird nach ziemlich kurzer Zeit vom älteren aus dem Nest geworfen. Nun wird man fragen, warum diese Vögel überhaupt zwei Eier legen, wenn dem zweiten ohnehin schon von vornherein kein Erfolg beschieden ist. Die Antwort liegt in der Sicherheitsstrategie. Die Entwicklung des ersten Eies könnte scheitern. Ein zweites Ei erweist sich daher als günstig. Wenn freilich beiden Eiern ein Junges entschlüpft, dann wird zumindest eines die elterlichen Gene weitertragen und vielleicht über Generationen retten. Das zweite ist vernachlässigbar.

Auch bei (nichtmenschlichen) Säugetieren kennt man zumindest vereinzelt den Geschwistermord. Ein Beispiel sind Tüp-

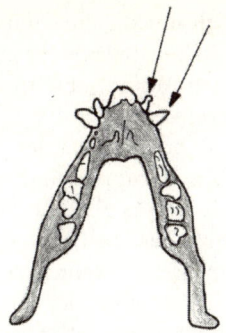

Abb. 7: Unterkiefer eines neugeborenen Hausschweins.
Dabei ragen die Schneide- und Eckzähne (Pfeile) hervor.

felhyänen, bei denen starke Aggression unter Geschwistern vorkommt, wobei tödliche Verletzungen in Kauf genommen werden. In diesem Zusammenhang ist es auch interessant, daß neugeborene Hausschweine über ein sehr wehrhaftes Gebiß (acht verlängerte und leicht nach außen gestellte Schneide- und Eckzähne) verfügen, wenngleich sie in ihren ersten Lebenswochen ausschließlich auf die Muttermilch angewiesen sind (Abb. 7). Aber diese Gebißstruktur kann sich unter Umständen im Kampf der Geschwister um lebensnotwendige Zitzen als sehr vorteilhaft erweisen. Wer je Ferkel bei ihrer «Mahlzeit» beobachtet hat, hat das Gerangel gesehen, das sie veranstalten – vor allem, wenn ihre Zahl größer ist als die der Zitzen ihrer Mutter. Jedes möchte seine Milch haben. Rücksicht auf die Geschwister gehört nicht zu ihrem genetischen Programm.

Kooperation als Überlebensstrategie

Nach dem Gesagten wird man sich wundern, daß kooperatives Verhalten überhaupt vorkommt und sich bei vielen Spezies entwickelt hat. Die beiden Geschlechter betrügen einander, Kinder manipulieren ihre Eltern (und umgekehrt), und Geschwister rivalisieren miteinander. In vielen Fällen führt diese Konkurrenz sogar zur Tötung eines Individuums durch ein anderes. Das ist freilich nur die eine Seite der Medaille. Eltern und Kinder sowie Geschwister kooperieren auch miteinander, oft sogar in erheblichem Ausmaß. Eltern und ihre Kinder sowie die Geschwister untereinander sind vielfach durch ein besonders starkes soziales Band miteinander verbunden. Sie stellen eine Kernfamilie dar, und Gruppen sind bei vielen Tieren erweiterte Familienverbände. Um es gleich auf den Punkt zu bringen: *Kooperation zahlt sich aus.* Selbst Verbrecherorganisationen können sich nur dann halten, wenn ihre Mitglieder miteinander kooperieren und sich aufeinander verlassen können. Grundsätzlich bedeutet Kooperation, daß zwei oder mehrere Individuen ihr Verhalten aufeinander abstimmen und auf diese Weise ihr Ziel erreichen. Der biologische Zweck kooperativen Verhaltens ist klar: Jedes daran beteiligte Individuum zieht seinen Nutzen daraus. Warum sich Kooperation vor allem unter genetisch eng verwandten Individuen findet, läßt sich durch das (soziobiologische) Konzept der *Gesamteignung* oder *inklusiven Fitness* verdeutlichen. Gesamteignung ist die (reproduktive) Eignung des Individuums, die sich aus seinem persönlichen *und* dem Fortpflanzungserfolg seiner Verwandten ergibt. Ein Beispiel: Bei den wildlebenden Nordamerikanischen Truthähnen kämpfen die Brüder miteinander um die Vorrangstellung in ihren kleinen – aus je zwei Männchen bestehenden – Brüdergemeinschaften. Ist die Rangordnung festgestellt, dann treten die Brüdergemeinschaften mit anderen in einen Wettkampf um die Dominanz innerhalb einer größeren Gruppe ein. Das rangniedrige Männchen jeder Brüdergemeinschaft unterstützt den ranghöheren Bruder im Kampf mit anderen Brüdergemeinschaften und hilft ihm sogar bei der Werbung um Weibchen (obwohl es mit diesen nicht selbst kopuliert). Dieses Beispiel widerspricht zwar nicht der Beobachtung von Geschwisterrivalität – ursprünglich kämpfen ja die Brüder miteinander um einen höheren Rang –, macht aber auch die Kooperation unter Geschwistern deutlich. Diese läßt sich auf der Grundlage einer relativ einfachen Überlegung erklären.

Da jedes Individuum einen bestimmten Prozentsatz seiner Gene mit seinen Verwandten teilt – mit seinen Brüdern (und

Schwestern) ist es zu 50 Prozent verwandt (S. 64) –, stellt der «geringere» Bruder eines Truthahns seine eigenen Fortpflanzungsinteressen zurück, ohne sie aber ganz aufzugeben. Je intensiver er seinen Bruder bei dessen Fortpflanzungsgeschäften unterstützt, um so höher ist die Wahrscheinlichkeit, daß ein bestimmter Prozentsatz seiner eigenen Gene in den Nachkommen seines Verwandten weiterleben wird. Volker Sommer schreibt dazu ganz allgemein: «Selbst wenn ein Blutsverwandter auf Kosten eines anderen lebt und sich fortpflanzt, wird zumindest ein Teil der genetischen Information des ‹Ausgenutzten› in die nächste Generation befördert» (*Lob der Lüge*, S. 191). Auch hier wird natürlich klar, daß sich die Soziobiologie von der klassischen Verhaltensforschung unterscheidet: Verwandte kooperieren miteinander nicht, um die Erhaltung ihrer Art zu gewährleisten, sondern um ihre eigenen Fortpflanzungsinteressen zu befriedigen. Und wenn das, aus welchen Gründen auch immer, auf direktem Weg (durch die Produktion eigener Nachkommen) nicht geht, dann unterstützen sie eben ihre Verwandten und gehen dabei trotzdem nicht leer aus.

Kooperatives Verhalten erweist sich aber auch unter miteinander nicht eng verwandten Individuen als Überlebensstrategie. Da eine Gruppe, wie bereits gesagt wurde (S. 22), dem Individuum Schutz bietet, ist dieses geradezu gezwungen, mit Gruppengenossen zu kooperieren. Ein Individuum, das die Gruppenstruktur unterminiert oder seine Gruppe fortgesetzt schädigt, läuft Gefahr, sich sozusagen ein Eigentor zu schießen. Nur in einer relativ stabilen Gruppe genießt es auch einen entsprechenden Schutz. In vielen Gruppen, beispielsweise einem Wolfsrudel, sind strikte Prinzipien der Rangordnung und Nahrungsteilung ausgebildet, die die Gruppenstabilität gewährleisten. Freilich gibt es so gut wie in jeder Gruppe auch Individuen, die sich nicht gruppenkonform verhalten. Das Phänomen der «Trittbrettfahrer», die nichts für andere tun, sondern sich auf Kosten anderer Vorteile verschaffen, ist keineswegs auf den Menschen beschränkt. Die schon erwähnten Satelliten bei Kröten und Fröschen liefern ein schönes Beispiel dafür, wie Individuen auch ohne Anstrengung und eigenes Risiko zum (reproduktiven) Erfolg kommen können. Aber die Zahl der Satelliten muß gering bleiben. Würden in einem Froschmännchenverein nur noch, sagen wir, vier Männchen singen und Dutzende andere bloß stumm herumsitzen, dann könnten keine Weibchen angelockt werden, und alle Männchen hätten das Nachsehen. Letzten Endes würde die ganze Population aussterben.

Auch für einen Vogel, der in einer Kolonie brütet, ist es vorteilhaft, das Nestmaterial einfach vom Nachbarn zu stehlen, anstatt das Risiko auf sich zu nehmen, Zweige von einem fernen Waldrand zu holen. Das nämlich kostet Zeit und Energie und birgt die Gefahr, unterwegs von einem Räuber angefallen und getötet zu werden. So gibt es in Brutkolonien sozusagen naturgemäß Trittbrettfahrer, die sich's einfach machen und dennoch Erfolg haben. Doch abermals muß ihre Zahl klein bleiben. Denn wenn nur noch wenige bereit sind, Nestmaterial herbeizuschaffen, kann die Population nicht überleben. Ein Beispiel dazu, das obendrein jeder Naturromantik spottet, sind Lachmöwen, die in großen Kolonien nisten und deren Nester bloß ein paar Meter voneinander entfernt sind. Bleibt der Nachwuchs einer Möwe unbewacht (weil sich die etwa gerade auf Nahrungssuche befindet), dann kommt es durchaus vor, daß eine andere Möwenmutter eines der Küken ihrer Nachbarin verschlingt. Damit hat sie eine gute und «billige» Mahlzeit, ohne die Mühe auf sich nehmen zu müssen, einen Fisch zu fangen und ihre eigene Brut ungeschützt zurückzulassen. Aber natürlich können sich nicht alle Lachmöwen gegenseitig ihre Jungen wegfressen.

Dieses Beispiel ist aber noch aus anderen Gründen interessant. Hier handelt es sich um *Kannibalismus* (= Verzehren eines Artgenossen oder einzelner seiner Teile), der bei praktisch allen Klassen der wirbellosen Tiere und Wirbeltiere (einschließlich des Menschen) nachgewiesen ist. Die Selektion hat kannibalistisches Verhalten bei den meisten Spezies – auch jenen, die Artgenossen töten – offensichtlich unterdrückt. Dafür könnte es mehrere Gründe geben. Einer davon wäre das Risiko, sich mit einer eventuellen Krankheit des Opfers anzustecken. Dieses Risiko könnte sich bei engerer Verwandtschaft des «Kannibalen» mit seinem Opfer erhöhen. Insoweit wären kannibalistische Praktiken wenig eignungsfördernd. Bei räuberischen Wirbellosen, Fischen und Amphibien mit schwach entwickeltem elterlichen Schutzverhalten und mangelnder Differenzierung bei der Nahrungssuche kommt es allerdings vor, daß Eltern ihre eigene Brut auffressen. Andererseits kennt man den Kannibalismus bei knappen Ressourcen und vielen Nachkommen (Hausmaus) und als Mittel zur Verbesserung der Energiebilanz. Beispielsweise versuchen die Weibchen des Kalifornischen Ziesels durch das Fressen von (fremden) Jungtieren ihrer Art ihre Milchleistung und ihren eigenen Fortpflanzungserfolg zu steigern. Unter welchen Umständen Kannibalismus eine Überlebensstrategie darstellt (und von der natürlichen Auslese gefördert wird), bleibt anhand weiterer empirischer Studien noch näher zu prüfen.

Kehren wir also zurück zu den Trittbrettfahrern. Von unseren eigenen Sozietäten kennen wir beispielsweise die Schwarzfahrer, die ohne gültigen Fahrschein öffentliche Verkehrsmittel benutzen. Auch sie sind nicht schlimm, so lange sie nicht überhandnehmen. Wären allerdings von je 1000 Fahrgästen nur noch zehn bereit, einen Fahrschein zu kaufen und zu bezahlen, dann würde das System öffentlicher Verkehrsbetriebe bald aus finanziellen Gründen zusammenbrechen – und niemand käme mehr in den (wenn auch manchmal zweifelhaften) Genuß, es benutzen zu können. Doch damit die Zahl der Schwarzfahrer relativ gering bleibt, mischen sich regelmäßig Kontrolleure unter die Fahrgäste und kassieren von den «Sündern» Strafen, so daß das System einigermaßen stabil bleibt. Wer aber kontrolliert, ob alle Frösche in ihrem Verein mitsingen? Wer bestraft eine Krähe, die ihr Nest mit «fremdem» Material baut? Wer verhängt Sanktionen über eine Möwe, die ein Junges ihrer Nachbarin auffrißt?

Die natürliche Auslese fördert nicht nur reproduktiven Erfolg um jeden Preis, sondern hat (in Gruppen lebende) Arten auch mit der Bereitschaft zu erhöhter Aufmerksamkeit ausgestattet. So kann ein Trittbrettfahrer – vor allem, wenn er die anderen häufig bestiehlt und «hintergeht» – von diesen bemerkt und buchstäblich an den Rand der Sozietät gedrängt werden, wo er aber nicht mehr die Vorteile genießt, die ihm das Leben in der

Gruppe bietet. Man bekommt in diesem Zusammenhang häufig den Einwand zu hören, daß Tiere ja nicht «wissen» können, wie sie sich zu verhalten haben oder welche Konsequenzen ihr Verhalten nach sich ziehen kann, und daß die natürliche Auslese, da sie nicht absichtsvoll operiert, nicht die Lösung des Problems sein könne. Doch, das kann sie! Wie bereits betont wurde, fördert sie alles, was sich bewährt, und eliminiert Strukturen, Funktionen und Verhaltensweisen, die ihren «Trägern» nur Schaden und keinen Nutzen bringen. Um miteinander zu kooperieren, bedürfen Tiere keines *Bewußtseins* über den Nutzen der Kooperation oder irgendeiner anderen Verhaltensweise (S. 35). So ist sich ein Hai sicher auch nicht dessen *bewußt*, daß seine Körperkonstruktion die Form eines Torpedos aufweist. Aber er braucht dieses Bewußtsein nicht; Hauptsache ist, daß sich seine Konstruktion bewährt und ihm bei der Jagd nach Beute eine schnelle Fortbewegung erlaubt. Und ein Schaf braucht nicht zu *wissen*, daß ein Wolf ein hundeartiges Raubtier ist, das ihm nach dem Leben trachtet. Wichtig ist nur, daß es sich in Sicherheit bringt, wenn irgendein «Objekt» auftaucht, das an jenes Lebewesen erinnert, welches wir Menschen als «Wolf» bezeichnen.

In der Evolution vieler Arten und Gattungen war die Kooperation das Erfolgsrezept schlechthin. Ein besonders beeindruckendes Beispiel dafür sind Ameisen. Ameisenhaufen kennt jeder aus eigener – manchmal ärgerlicher – Erfahrung. Aber wie erfolgreich diese Insekten insgesamt sind, zeigt sich in ihrer großen Artenvielfalt (derzeit über 9000 bekannte Spezies) und ihrer unvorstellbar großen *Biomasse* (= Gesamtmasse der in einem oder mehreren Lebensräumen vorkommenden Lebewesen). Obwohl sie bloß ein Prozent der bekannten Insektenarten ausmachen, entspricht ihre Biomasse nach Schätzungen von Fachleuten der des Menschen (mit jetzt immerhin über sechs Milliarden Individuen, von denen jedes allerdings um Größenordnungen schwerer ist als eine Ameise). Die geradezu perfekte Arbeitsteilung im Ameisenstaat, die enorme Leistungsfähigkeit der Arbeitstiere, die Wehrhaftigkeit der «Ameisenkrieger» und der Schutz der sich fortpflanzenden Königinnen und der Brut liefern Musterbeispiele für erfolgreiche Gruppenbildung. Der Ameisenstaat ist ein Erfolgsrezept der Evolution, und es wundert gar nicht, daß manche geneigt sind, in ihm überhaupt den Höhepunkt der sozialen Entwicklung bei Tieren zu sehen. Den Soziobiologen liefert er jedenfalls ein ideales Studienobjekt. (Es ist daher auch nicht überraschend, daß Edward O. Wilson, dem die moderne Soziobiologie so viele entscheidende Impulse verdankt, zugleich einer der weltweit führenden Ameisenexperten ist.)

Egoismus und Altruismus

Jedes Individuum verfolgt also seine Eigeninteressen und verhält sich egoistisch. Sogar kooperatives Verhalten entlarvt den Egoisten. Unter *Altruismus* versteht man ein uneigennütziges Verhalten, das die (reproduktive) Eignung des «Handlungsurhebers» zugunsten des «Handlungsempfängers» mindert. Warum in manchen Sozietäten, vor allem beim Menschen, auch genetisch nicht miteinander verwandte Individuen, manchmal unter Einsatz ihres eigenen Lebens, anderen helfen, ist eine Frage, die lange Zeit viele Rätsel aufgegeben hat. Denn diese Form der Hilfe – beispielsweise die Rettung eines fremden Kindes vor dem Ertrinken – geht offensichtlich über die genannten Formen der Kooperation weit hinaus. Die Soziobiologie hat hier aber interessante Antworten parat. Wir dürfen uns nur nicht von Idealvorstellungen blenden lassen. Hilfsbereitschaft oder gar Selbstaufopferung werden von uns Menschen zwar im allgemeinen geschätzt oder bewundert – wie viele von uns sind aber in Wirklichkeit bereit, sich für einen anderen buchstäblich zu opfern? Und wenn das doch ab und an geschieht – warum sollten nicht versteckte egoistische Motive dafür verantwortlich sein? Auch der großzügigste Helfer mag unbewußt eine Belohnung für seine Tat erwarten. Aus soziobiologischer Sicht jedenfalls profitiert sogar der sprichwörtliche barmherzige Samariter von seinen «edlen» Taten. Als Faustregel gilt: Kein Lebewesen investiert in andere, ohne irgendeine, wenn auch oft nur indirekte, Belohnung dafür zu erhalten. Der Mensch ist dabei keine Ausnahme. Religiöse Führer scheinen das immer sehr gut gewußt zu haben. Sie verlangen zwar von den Mitgliedern ihrer Religion(en) asketisches, aufopferndes Verhalten, versprechen ihnen aber gleichsam im Gegenzug das «Paradies», das «ewige Leben» – eine Belohnung also, wenn schon nicht hier und jetzt, dann zumindest «später», im «Jenseits». Ganz ohne Aussicht auf Belohnung kann offenbar niemand für irgendeine gute Sache gewonnen werden.

Aus soziobiologischer Sicht ist das überhaupt nicht verwunderlich. Das Prinzip Eigennutz ist allgegenwärtig. Was zählt, ist das genetische Überleben. Um dabei erfolgreich zu sein, sind zumindest Menschen bereit, jeder auch noch so obskuren Ideologie zu folgen und sich im Extremfall für sie zu opfern. Schließlich erhoffen sie sich von allem einen Gewinn. Tiere kennen keine Ideologien, setzen sich aber dennoch oft für ihre Gruppengenossen ein. Dahinter steckt auch wieder nur das genetische Überleben.

Jeder ist sich selbst der Nächste

«Liebe deinen Nächsten wie dich selbst», so wird uns in der Bibel aufgetragen. Das ist interessant. Offenbar erkannten auch die Verfasser der Bibel, daß die *Selbstliebe* der eigentliche Maßstab der Liebe ist. Nur der, der ein gerüttelt Maß an Egoismus und «Selbstverehrung» entwickelt, ist in der Lage, seine Sympathien auch auf andere auszudehnen. Auch moderne Ethiker oder Moralphilosophen gehen davon aus, daß Selbstliebe und Selbstachtung wichtige Elemente des sozialen und moralischen Verhaltens des Menschen sind. Andere Lebewesen wissen zwar nichts von Ethik und Moral, verhalten sich einfach egoistisch – und leisten gerade dadurch auch oft einen erheblichen Beitrag zum Wohlergehen ihrer Gruppe. Die Bärin, die ihre Jungen beschützt und für sie kämpft, handelt nicht aus Edelmut, sondern folgt ihrer genetischen Disposition, die ihr gebietet, alles zu tun, um ihren Nachwuchs durchzubringen. Nur so kann sie den Fortbestand ihrer eigenen Gene sichern. Bienen oder Ameisen, die auf ihre eigene Fortpflanzung verzichten und ihre Königin bei deren Fortpflanzungsgeschäften unterstützen, agieren nicht selbstlos, sondern bringen auf diese Weise ihre eigenen Gene sozusagen durch.

In der Soziobiologie wird unter *Egoismus* allgemein eigennütziges Verhalten verstanden, das die Eignung des «Handlungsurhebers» auf Kosten des «Handlungsempfängers» erhöht. Diese Definition ist – wie die Definition des Altruismus – völlig wertneutral. Anders als in unserer Alltagssprache, wo die Bezeichnung «Egoist» für den so Bezeichneten in der Regel nicht sehr schmeichelhaft ist, besagt die soziobiologische Egoismus-Definition nicht, daß egoistisches Verhalten schlecht sei. Die Natur ist moralisch absolut neutral, Gut und Böse kommen in ihr nicht vor, sondern sind unsere Erfindungen. Soziobiologen verteidigen daher auch nicht egoistisches Verhalten, sondern stellen bloß fest, daß – aus eigentlich naheliegenden Gründen – eine bestimmte Portion Egoismus bei allen Lebewesen vorhanden ist. Zu den elementaren Antrieben der Lebewesen gehört nun einmal der «Drang», (genetisch) zu überleben, sich fortzupflanzen. Seit über drei Milliarden Jahren fördert die natürliche Auslese diejenigen Lebewesen, die jeweils relativ optimale Strategien des *eigenen* Überlebens finden. Das mußte bei allen heute lebenden Organismenarten deutliche Spuren hinterlassen – und auch der Mensch kann dabei keine Ausnahme sein.

Der Fürst der Aufklärung, Voltaire (1694–1778), konnte von Evolution, Selektion, von Genen oder von soziobiologischen Konzepten nichts ahnen, kam aber zu einer Feststellung, die heute jeder Soziobiologe bestätigen wird. Es müsse, meinte er, nicht erst bewiesen werden, daß wir uns von Eigenliebe leiten lassen, die unserer Selbsterhaltung diene. Er verglich die Eigenliebe mit unseren Fortpflanzungsorganen: So wie die uns unentbehrlich, lieb und wert seien, aber versteckt werden müßten, dürfe auch die uns so wertvolle Selbstliebe nicht offen zur Schau getragen werden. Wahre Worte.

Soziale Spiele

Wichtige Beiträge zur Klärung des Verhältnisses zwischen Egoismus und Altruismus, leistet die *Spieltheorie*. Sie beschäftigt sich im wesentlichen mit jenen Strategien, die zwei oder mehrere Individuen einschlagen, die einen Gewinn haben und ihre Verluste möglichst niedrig halten wollen. Ein in der Spieltheorie zur Charakterisierung vieler Alltagssituationen oft herangezogenes Beispiel ist das *Gefangenendilemma*.

Zwei Häftlinge, die zum Beispiel eine Bank ausrauben woll-
ten und dabei von der Polizei auf frischer Tat ertappt wurden,
sitzen in einem Gefängnis in zwei getrennten Zellen ohne jede
Möglichkeit, miteinander in Kontakt zu treten und sich abzu-
sprechen. Der Staatsanwalt schlägt beiden einen Handel vor.
«Alles spricht gegen Sie, Ihnen drohen zwei Jahre Haft. Ich gebe
Ihnen aber die Möglichkeit, Ihrer Strafe zu entgehen, wenn Sie
mir alles über Ihren Komplizen sagen, was der schon früher an-
gestellt hat und so weiter. Der wird dann fünf Jahre ‹sitzen›
müssen, während Sie sofort freigelassen werden. Ist Ihnen Ihre
Freiheit lieber als Ihre Treue zum Komplizen, dann sind Sie gut
beraten, diesen zu verpfeifen. Tun Sie das nicht, dann drohen
Ihnen beiden zwei Jahre Haft. Ihr Risiko besteht allerdings darin, daß Sie Ihr Komplize ebenso verpfeifen wird – nun ja, in diesem Fall müßten Sie beide vier Jahre im Gefängnis bleiben ...»
Hier handelt es sich in der Tat um ein Dilemma. Vor allem, weil
die Versuchung groß ist, den anderen zu verraten, *gegenseitiger*
Verrat jedoch die Lage beider verschlimmert. Aber da beide
letztlich nach der «Logik des Egoismus» handeln, werden sie
vier Jahre hinter Gittern bleiben müssen (Abb. 8).

Nun beschreibt dieses Dilemma eine einmalige Situation, die
von den beiden Beteiligten eine unmittelbare Entscheidung (mit
nachhaltigen Konsequenzen) verlangt. Im täglichen Leben sind
wir aber viel öfter damit konfrontiert, daß sich das gleiche Problem wiederholt stellt. Ein Beispiel dafür sind Beziehungen auf
Geschäftsebene. Zwei Personen gehen eine Partnerschaft ein,

		Gefangener B	
		schweigt	redet
Gefangener A	schweigt	2 Jahre/2 Jahre	5 Jahre/frei
	redet	frei/5 Jahre	4 Jahre/4 Jahre

Abb. 8: Nutzenmatrix für das Gefangenendilemma.
Nähere Erläuterungen im Text.

gründen zum Beispiel eine kleine Firma. Beide haben natürlich die Absicht, aus der Geschäftsbeziehung zu profitieren, aus ihrer Firma möglichst viel Kapital zu schlagen. Die Frage ist dabei, wie sie miteinander umgehen, sich zueinander verhalten sollen. Betrügt die eine Person die andere schon beim ersten Geschäftsgang – und wird dieser Betrug von der anderen entdeckt –, dann wird sich die Partnerschaft schnell auflösen und keine der beiden Personen wird etwas profitieren. Der Betrüger mag kurzfristig einen kleinen Gewinn einheimsen, der aber bei einer längeren – fairen – Geschäftsbeziehung vielleicht wesentlich höher gewesen wäre. Betrügen beide einander von Anfang an, dann wird keiner auch nur kurzfristig irgendeinen Gewinn erzielen. Jeder wird am wahrscheinlichsten für sich etwas gewinnen, wenn die Partnerschaft länger währt – und gut funktioniert. Je mehr sich die beiden aufeinander verlassen können, desto höher sind ihre Gewinnchancen. Wohlgemerkt, hier sind keine moralischen Entscheidungen gefragt; es geht bloß um Gewinnmaximierung und beiderseitigen Nutzen, also um die richtige *Strategie*. Keiner der beiden Partner kann wissen, was im Kopf des anderen wirklich vor sich geht, beide aber wissen, daß der jeweils andere seinen Gewinn erhöhen möchte. Grundsätzlich jeder, der seinen eigenen Gewinn steigern will, tut gut daran, mit anderen zusammenzuarbeiten. Daher ist, auch wenn es paradox klingen mag, gerade der «wahre Egoist» immer zur Kooperation bereit. Er weiß, daß er andere braucht, um seine Ziele zu erreichen. So nimmt er Investitionen in «die anderen» gerne in Kauf, ist stets freundlich und zeigt sich hilfsbereit. Wie Richard Dawkins sagt: «Nette Kerle kommen zuerst ans Ziel.»

In der Tierwelt «weiß» zwar keiner, daß ein anderer seinen Gewinn – seine eigenen Fortpflanzungschancen – erhöhen «will», aber es verhält sich dabei im Prinzip nicht wesentlich anders als beim Menschen (Tiere sind bloß etwas weniger «subtil»). Wenn ein Löwe kleine Artgenossen, die nicht seine eigenen Nachkommen sind, tötet, dann ist die betreffende Löwenmutter nach relativ kurzer Zeit wieder paarungsbereit. Ein solcher Löwe ist zwar alles andere als ein «netter Kerl», und die Löwin paart sich mit einem Männchen, das ihre eigenen Jungen getötet hat! Damit aber gebärdet *sie* sich als «netter Kerl» und erhält so die erneute Chance, ihre eigenen Gene weiterzugeben. Sich dem Löwenmännchen zu «verweigern», würde bedeuten, auf erfolgreiche Reproduktion zu verzichten. Diesen Verzicht aber kann sie sich nicht leisten. Sie steht gleichsam vor dem sich stets wiederholenden Gefangenendilemma: Soll sie ihre Jungen in jedem Fall verteidigen? Soll sie vor dem «neuen» Löwenmännchen davonlaufen? Soll sie sich mit ihm paaren? Ihr eigenes Fortpflanzungsinteresse führt dazu, daß sie letztlich die erneute Paarung vollzieht. Nur so ist es erklärbar, daß sie überhaupt die Tötung ihrer Jungen in Kauf nimmt. Würde die natürliche Auslese Gegenstrategien fördern, bestünde die Gefahr verminderter Eignung. Aber die natürliche Auslese fördert nun einmal nichts, was die (genetische) Eignung vermindert.

Tit for tat oder «Wie du mir, so ich dir»

Im Jahr 1978 hatte der Spieltheoretiker Robert Axelrod die einfache wie geniale Idee, Fachkollegen zu einem Turnier einzuladen, das er auf seinem Computer spielte. 15 Personen (Spieltheoretiker) schickten ihm ihre Programme: verschiedene Strategien für ein erfolgreiches Turnierspiel. Als bestes Programm wurde das zugleich einfachste und kürzeste ausgewählt – *tit for tat*, «Wie du mir, so ich dir». Bemerkenswert an diesem Programm ist, daß es keine Gewinner und Verlierer gibt und der Erfolg des Gegners nicht im Widerspruch zum eigenen Erfolg steht. Es handelt sich dabei um eine kluge Taktik, die der Mensch in vielen Situationen einsetzt: «Gut, ich helfe dir jetzt – und verzichte dabei kurzfristig auf den eigenen Vorteil –, verlasse mich aber darauf, daß ich in einer ähnlichen Situation auf deine Hilfe zählen kann.» So direkt muß im einzelnen Fall gar nicht ausgesprochen werden, was der Volksmund mit vielen Redewendungen auf den Punkt bringt: «Eine Hand wäscht die andere», «Kratzt du mir den Rücken, dann kratz' ich dir den Rücken» und so weiter. Aber diese Taktik wird keineswegs allein vom Menschen eingesetzt. Sie ist ein uraltes Prinzip des Lebens in Gruppen.

Abb. 9: Murmeltier als Beispiel für einen Warnrufer.

In der Soziobiologie spricht man vom *reziproken Altruismus* (= gegenseitige Unterstützung). Ein Individuum verhält sich als «reziproker Altruist», wenn es zunächst auf die volle Ausschöpfung seiner eigenen Fortpflanzungsmöglichkeiten zugunsten anderer verzichtet, aber damit rechnen kann, daß sein positives Verhalten bei anderer Gelegenheit erwidert wird. In der Gesamtbilanz zahlt sich dieses Verhalten für alle Beteiligten aus. Auch hier gilt wieder, daß ein (bewußtes) Wissen um die Vorteile der Reziprozität keine Voraussetzung für ihre Anwendung ist. Das zeigen zum Beispiel die *Warnrufer*, die man etwa bei Rotkehlchen, Murmeltieren und Zwergmungos kennt (Abb. 9), Tieren also, denen man beim besten Willen kein Wissen um die Voraussetzungen und Konsequenzen ihres Verhaltens zuschreiben kann. Das Prinzip ist dabei in allen Fällen gleich und stellt eine noch recht einfache Form des reziproken Altruismus dar. Wittert ein Individuum eine herannahende Gefahr (zum Beispiel einen Greifvogel), dann stößt es Warnlaute aus, um seine

Art- beziehungsweise Gruppengenossen zu warnen. Manche Arten, die von besonders vielen Feinden bedroht werden – also einem großen Raubdruck ausgesetzt sind –, haben ein sehr differenziertes System des Warnens und Aufpassens entwickelt. Die afrikanischen Zwergmungos sind kleine, marderähnliche Tiere (die aber zu den Schleichkatzen gezählt werden) mit vielen Feinden unter Schlangen, Greifvögeln und räuberisch lebenden Säugetieren. Unter den ständigen Gefahren haben sie nuancenreiche Formen der Verständigung untereinander entwickelt, wobei ihre akustische Kommunikation in der Hauptsache aus leisen Rufen besteht. Sie leben in Sippen, die meist mehr als fünf Individuen umfassen. In ihrem Fall ist es ziemlich klar, daß jedes einzelne Individuum geringe Überlebenschancen hätte, wenn es nicht besonders intensiv mit seinen Gruppenmitgliedern kooperieren und kommunizieren würde. In anderen Fällen ist das nicht so klar, so daß sich grundsätzlich die Frage stellt: Was hat ein Warner davon, wenn er andere über eine drohende Gefahr informiert? Seine (Warn-)Laute könnten dazu führen, daß er vom Feind zuerst entdeckt und getötet wird. Somit setzt er sich einer besonderen Gefahr aus.

Einige einfache Kosten-Nutzen-Überlegungen lassen die Eigenvorteile des Warners erkennen. Warnt ein Individuum die anderen Gruppenmitglieder nicht, dann laufen diese weiterhin unbesorgt umher und lenken erst recht die Aufmerksamkeit des Feindes auf ihre ganze Gruppe – also auch auf das Individuum, das ihn zuerst erblickt hat. Freilich könnte ein Singvogel, der einen Falken entdeckt, lautlos davonfliegen und die anderen ihrem Schicksal überlassen. Durch seine Vereinzelung aber würde er ein größeres Risiko in Kauf nehmen, bald selbst zur Beute zu werden. Und ein Murmeltier könnte sich verstecken, ohne die anderen seiner Gruppe zu warnen. Aber damit liefe es Gefahr, daß der Greifvogel, der nun reiche Beute wittert, länger in der Umgebung verweilt und es schließlich auch entdeckt. Es zahlt sich also aus, eine gefährliche Entdeckung den anderen Gruppenmitgliedern rechtzeitig mitzuteilen: Die daraus entstehenden Gruppenvorteile sind zugleich die Vorteile des Individuums. Kurz, Warnen hilft dem Warner selbst.

Hier handelt es sich also gar nicht um einen «echten» Altruismus. Ob es diesen überhaupt gibt, werden wir noch sehen (S. 67). Schon der englische Philosoph Herbert Spencer (1820–1903) – von dem Darwin die Formel *survival of the fittest* übernahm – sprach von *ego-altruistischen* Gefühlen und brachte damit zum Ausdruck, daß auch der Altruist egoistische Motive haben kann (und in der Tat hat). Aber Spencer wird heute selten gelesen und muß für die Soziobiologie erst neu entdeckt werden. (Außerdem ranken sich um sein Werk viele Mißverständnisse.) Anfang der 1970er Jahre präzisierte der – damals noch recht junge – amerikanische Biologe (und Kinderbuchautor) Robert L. Trivers, daß Egoismus und Altruismus keinen Widerspruch bilden, sondern Eigeninteressen der Motor für altruistisches Verhalten sein können. Das entspricht inzwischen durchaus der soziobiologischen Erwartung.

Zwar ist der reziproke Altruismus am besten beim Menschen nachzuweisen, aber er läßt sich auch bei anderen Spezies einigermaßen gut dokumentieren. Mögen die Warnrufer auch bloß ein Grenzfall (zwischen Kooperation und Altruismus) sein, so tritt Reziprozität vor allem bei Spezies auf, die das Prinzip der *Nahrungsteilung* entwickelt haben, beispielsweise Wölfe, Afrikanische Wildhunde, Paviane und Schimpansen. Ein bemerkenswertes Beispiel liefern auch die in Zentralamerika lebenden Gemeinen Vampire, die in Gruppen von etwa einem Dutzend erwachsenen Weibchen und deren Nachwuchs leben. Die Weibchen sind zum Teil miteinander verwandt, weil sie im Gegensatz zu den Männchen in ihrer ursprünglichen Gruppe bleiben. Sie leben an bestimmten Schlafplätzen, die sie – wie man es von Vampiren kennt – in der Nacht verlassen, um Blut von Säugetieren zu saugen. Nicht immer haben sie dabei Erfolg, und manche Individuen kehren mit leerem Magen an den Schlafplatz zurück. Ohne Nahrung aber verhungern sie innerhalb weniger Tage. Da zeigt sich dann, was «Blutsbrüderschaft» – oder «Blutsschwesternschaft» – in einem ganz konkreten Sinn bedeutet. Die satten Vampire würgen nämlich einen Teil ihrer Nahrung heraus und helfen so den hungrigen, zu überleben. Für empfindsame Ästheten sicher kein sehr schöner Anblick –

aber die Natur ist nicht für zarte Seelen (und empfindliche Mägen) gestrickt.

Beim Menschen ist der reziproke Altruismus in der Hauptsache in folgenden Zusammenhängen anzutreffen:

1. Bei der Nahrungsteilung.
2. In Zeiten der Gefahr und Krise (etwa bei Unfällen oder Naturkatastrophen).
3. In der Hilfe, die Verletzte, Kranke, Kinder oder alte Menschen durch andere erfahren.
4. Im Zusammenhang mit Instrumenten und Geräten, die wir einander leihen.
5. Im Zusammenhang mit Ideen und Wissen, woran wir andere teilhaben lassen.

Einzelne dieser Punkte treffen auch auf andere Spezies zu. Das ist nicht nur bei der Nahrungsteilung offenkundig. Das Ablecken der Wunde eines Säugetiers durch ein anderes kann als eine einfache Form der Krankenpflege betrachtet werden. Schimpansen sind in der Lage, ihre Fertigkeiten im Umgang mit Werkzeugen an andere weiterzugeben (S. 78) und teilen damit nicht nur materielle Gegenstände, sondern auch ihr *Know-how*.

Vetternwirtschaft

Die Hilfe, die Gemeine Vampire ihren Gruppengenossen angedeihen lassen, ist allerdings offensichtlich an zwei Bedingungen geknüpft: Erstens an die Verwandtschaft zwischen Geber und Nehmer (Verwandtschaftseffekt), zweitens an die Häufigkeit, mit der Artgenossen denselben Schlafplatz aufsuchen (Vertrautheitseffekt). Die relativ hohe Lebenserwartung dieser Tiere (bis 18 Jahre) liefert eine günstige Voraussetzung für reziproken Altruismus. Der ist bei Tieren mit viel geringerer Lebenserwartung unwahrscheinlich. Der (reziproke) Altruist muß erwarten können, daß sein «selbstloses» Verhalten nicht nur bemerkt, sondern irgendwann auch belohnt wird. Dazu sind größere Zeiträume nötig. Reziproker Altruismus bedeutet nicht, daß ein Individuum einem anderen heute hilft und morgen schon die entsprechende Gegenleistung erfährt. Die Gegenleistung muß auch nicht die gleiche Form und das gleiche Gewicht haben wie die erbrachte Leistung.

Der reziproke Altruismus manifestiert sich vielfach als *Nepotismus* (*nepotistischer Altruismus*), ein Phänomen, das uns aus Politik und Ökonomie unter dem Ausdruck «Vetternwirtschaft» bestens bekannt ist, aber nicht von unseren Politikern und Wirtschaftstreibenden erfunden wurde. Auch wenn man immer wieder Ausnahmen findet, ist – einer Faustregel zufolge – bei Tieren wie beim Menschen die Wahrscheinlichkeit des reziproken Altruismus um so höher, je enger die daran beteiligten Individuen verwandt sind.

In der Soziobiologie gilt die *Verwandtschaftsselektion* als Grundlage für (reziprok) altruistisches Verhalten. Darunter versteht man einen Mechanismus, den der englische Biologe William Hamilton bereits vor knapp 40 Jahren beschrieb. Es geht dabei um die positive Wirkung von Genen auf den Fortpflanzungserfolg von Verwandten, die nicht die eigenen Nachkommen sind. Anders gesagt: Ein Lebewesen erhöht seine reproduktive Eignung nicht nur durch die Produktion (möglichst vieler) eigener Nachkommen, sondern auch dadurch, daß es nahen Verwandten bei der Produktion und Aufzucht ihrer Jungen hilft (S. 23). Das Maß für den Verwandtschaftsgrad ist der *Verwandtschaftskoeffizient*, der die genealogischen Beziehungen zwischen Individuen ausdrückt. Er beträgt in Populationen ohne Inzucht

– zwischen Eltern und ihren Kindern 0,5 (50 Prozent),
– zwischen Großeltern und Enkeln 0,25 (25 Prozent),
– zwischen Urgroßeltern und Urenkeln 0,125 (12,5 Prozent),
– zwischen Geschwistern 0,5,
– zwischen Halbgeschwistern 0,25,
– zwischen Vettern und Basen 0,125.

Man kann erwarten, daß einzelne Individuen je nach Verwandtschaftskoeffizient einander mehr oder weniger intensiv helfen, daß beispielsweise Geschwister einander eher unterstützen werden als Vettern oder Basen.

Der Vertrautheitseffekt kann den Verwandtschaftskoeffizienten in einzelnen Fällen allerdings relativieren oder in den Hintergrund drängen. So werden zum Beispiel zwei Hunde, die seit ihrer frühesten Kindheit miteinander leben, aber nicht miteinander verwandt sind, sicher eine viel stärkere Zusammengehörigkeit empfinden als zwei Hundebrüder, die früh getrennt wurden und erst nach einigen Jahren einander begegnen. Beim Menschen mag das etwas anders sein, weil er *bewußt* den Begriff «Bruder» oder «Schwester» entwickelt und auch entsprechend besetzt hat – und natürlich über ein viel besseres Erinnerungsvermögen verfügt als etwa ein Hund. Aber ein alter Schulfreund oder Kriegskamerad, mit dem einen Menschen lange Jahre gemeinsamer Erlebnisse verbinden und zu dem der Kontakt nie abreißt, steht diesem allemal näher als ein Vetter, den er kaum kennt oder eine Tante, von deren Existenz er zwar weiß, die er aber nie gesehen hat.

Hilfsbereitschaft und Selbstaufopferung

Alles in allem kommt es also nicht sehr überraschend, daß bei vielen Arten Brutpflege und geschwisterliche Hilfe beobachtet werden können. Diese Phänomene lassen sich darauf zurückführen, daß, um es einmal so zusammenzufassen, das «altruistische Gen» im Körper des Nutznießers mit hoher Wahrscheinlichkeit vorhanden ist. Bei der Brutpflege hat die natürliche Auslese im allgemeinen gleichzeitig die Fähigkeit der Jungenerkennung gefördert und gegen das Risiko von elterlichen Fehlinvestitionen gewirkt. (Wir vergessen dabei allerdings nicht jene Tiere, die unfähig sind, ihre eigenen Jungen zu erkennen, und diese sogar auffressen [S. 51].) Ein Beispiel sind Uferschwalben, die in Hunderten oder Tausenden benachbarten Bruthöhlen an steilen Ufern fließender Gewässer brüten. Nach zwei Wochen verlassen die Jungtiere immer wieder das elterliche Nest und beginnen mit ihren ersten Flugversuchen. Verirrt sich ein Jungvogel dabei in eine fremde Höhle, dann wird er dort nicht geduldet, sondern hinausgedrängt. Umgekehrt wird er, wenn er verlorengeht, von seinen eigenen Eltern gesucht und (häufig) gefunden. Das Durcheinander der Brutkolonie hindert Uferschwalben also nicht daran, ihre eigenen Jungen zu erkennen. Hier ließen sich noch viele weitere Beispiele anführen, die zeigen, daß die «Hilfsbereitschaft» bei Tieren im wesentlichen auf die engsten Verwandten, vor allem die eigenen Nachkommen, beschränkt ist. Gegenbeispiele, die man vereinzelt findet, ändern daran nichts Wesentliches. Wie aber verhält es sich beim *Brutparasitismus*? Warum kümmern sich Vögel so intensiv um Junge, die nicht einmal ihrer Art angehören? Gemeint ist hier natürlich das Phänomen des Kuckucks.

Das Schmarotzertum des Kuckucks ist seit dem Altertum bekannt. Und noch heute mag es erstaunen, wie bereitwillig Singvögel den «Fremdling», den ihnen seine Mutter ins Nest legt, füttern und betreuen. Ein Kuckucksweibchen beobachtet ein passendes Nest. Wird dieses vom brütenden Vogel (oder Vogelpaar) kurzfristig verlassen, reagiert es blitzschnell: Es stiehlt eines der Eier und legt sein eigenes ins Nest. So sichert sich das Kuckucksweibchen eine Mahlzeit und weiß das eigene Ei gut versorgt. Kaum aus dem Ei geschlüpft, wirft der junge Kuckuck die restlichen Eier oder auch die Neugeborenen seiner «Wirte» aus dem Nest und beansprucht dieses für sich allein. Merkwürdigerweise wird er von den Wirtsvögeln nicht nur akzeptiert, sondern geradezu bemuttert. Die bemerken offenbar nicht, daß er nicht ihr eigener Nachkomme ist und ihre Jungen eliminiert hat. Kuckucksvögel haben in der Evolution «gelernt», daß ihre parasitäre Strategie um so erfolgreicher ist, je stärker sie ihre Eier in Form und Farbe denen der Wirtsvogelarten angleichen. Andererseits haben auch potentielle Wirtsvögel Strategien gegen die Parasiten entwickelt. Manche Arten weisen parasitische Eier entschieden ab – vielleicht haben sie aus der Evolution gelernt und Verhaltensprogramme ihrer Vorfahren übernommen, die sich mit Brutschmarotzern auseinandersetzen mußten. Man kann wohl sagen: Die Fortpflanzungsstrategie des Kuckucks, sich auf Kosten anderer Vögel zu reproduzieren, hat einen Wettlauf zwischen dem Brutparasiten und seinen Wirten entfacht. Und es ist klar, daß kein Kuckuck von seinen «Zieheltern» aus altruistischen Gründen großgezogen wird – die kümmern sich um ihn nur deshalb, weil sie das Täuschungsmanöver seiner Mutter nicht durchschaut haben. Sonst würden sie ihn genauso aus dem Nest vertreiben, wie er ihre eigenen Nachkommen aus dem Nest wirft. Vom Altruismus ist hier also nicht die geringste Spur zu erkennen.

Wie sieht es nun aber mit dem «echten» Altruismus aus? Damit wäre, strenggenommen, ein Verhalten zu verstehen, daß dem Altruisten *im Durchschnitt und auf Dauer* keinerlei Vorteile, sondern nur Nachteile bringt. Ein derartiges Verhalten würde sozusagen der Logik der Evolution widersprechen – und läßt sich daher auch durch keine Beispiele belegen. Bei den Primaten und einigen anderen Säugetierarten mit relativ hoher Intelligenz darf angenommen werden, daß sie mit der Fähigkeit zur *Empathie* (= Mitgefühl) ausgestattet sind, die ihnen unter anderem Trauer über den Verlust eines Artgenossen ermöglicht. Aber selbst diese Fähigkeit kann bloß deshalb entstanden sein, weil sie sich lohnt: Je stärker ein Individuum in einer Gruppe mit den anderen mitfühlen, sich mit ihnen freuen oder mit ihnen trauern kann, um so größer sind die Vorteile für die Gruppe (und damit das Individuum). Nur vereinzelt nachzuweisen ist in der Tierwelt die *Solidarität* mit kranken, schwachen oder alten Tieren (siehe oben). Freilich wird man hier vor allem an Delphine erinnert, die einen verletzten Artgenossen unterstützen. Aber auch dieses Verhalten läßt sich bequem als reziproker Altruismus deuten, der sich eben in der Gruppe lohnt und jedem Helfer mittel- bis langfristig Vorteile bringt. Ist also «wahre» Hilfsbereitschaft, ohne Verwandtschafts- beziehungsweise Gruppengrenzen, nur beim Menschen anzutreffen? Ja, allerdings ist sie nicht so «wahr» und «rein», wie es manche gern hätten.

Da der Mensch eine Spezies mit durchschnittlich relativ hoher individueller Lebenserwartung ist und unter allen Lebewesen über das beste Erinnerungsvermögen verfügt, kommt es nicht überraschend, daß sich bei ihm der reziproke Altruismus besonders gut entwickelt hat. Bei keiner anderen Spezies finden sich eine so ausgeprägte Fürsorge, Kinder- und Altenbetreuung, Hilfe für Schwache und Bedürftige wie beim modernen *Homo sapiens.* Offenbar sind Menschen in der Lage, Artgenossen auch dann zu unterstützen, wenn sie mit diesen in keinem engeren Verwandtschaftsverhältnis stehen und sie sie auch nicht persönlich kennen. Zumindest einzelne Menschen leisten Großartiges in karitativen Organisationen, führen Entwicklungshilfe-Programme durch und so weiter. Tun sie das tatsächlich «selbstlos»? Erwarten sie für ihre Taten wirklich keinerlei Belohnung? Werden sie ausschließlich von «edlen Motiven» zur Tat getrieben? Das mag so scheinen.

Wenn wir uns aber noch einmal vergegenwärtigen, daß Reziprozität und die Belohnung für eigene «Großtaten» auf sehr indirektem Wege erfolgen können, dann werden wir – bei näherer Hinsicht – sogar beim barmherzigen Samariter eine positive Gesamtbilanz zu seinen Gunsten finden:

> «Damit die im Neuen Testament dokumentierte Tat des barmherzigen Samariters als wahrer Altruismus durchgehen könnte, dürfte der Barmherzige nicht nur nicht mit seiner Heilstat geprahlt haben (was ihm eine Beförderung in der antiken Heilsarmee hätte eintragen können). Wir dürften zudem am besten gar nichts vom Samariter wissen – weil allein anonymes Wohltun jedwedem Egoismus die Hintertüre vor der Nase zuschlägt.» (Volker Sommer, *Von Menschen und anderen Tieren*, S. 32)

In Wahrheit freilich bleibt kaum ein großzügiger Helfer anonym. Und wenn seine Tat entdeckt und bekannt gemacht wird, dann geschieht das nie zu seinem Schaden. Heutzutage wird er in der Regel in eine Fernsehshow eingeladen und darf sich einer – zumindest kurzfristigen – Popularität erfreuen. (Möglicherweise bekommt er in der Folge sogar einige seine Eignung fördernde Heiratsanträge.) Und wie verhält es sich mit dem großen unbekannten Spender? Nun, er kann seine Spende zumindest von der Steuer absetzen …

Selbstverständlich sprechen diese entlarvenden Erklärungen des helfenden Verhaltens nicht gegen die Helfer. Sie zeigen nur, daß selbst großartige soziale Leistungen auf biologisch mehr oder weniger triviale Letztursachen zurückführbar sind und wir dafür keine «edlen Motive» strapazieren müssen. Die natürliche Auslese hat helfendes Verhalten gefördert, weil es allen Beteiligten Pluspunkte bringt. Und für den, der Hilfe empfängt, der gerettet wird, sollte es keinen Unterschied machen, ob seine Rettung auf edle Motive oder auf die Selektion zurückführbar ist. Man wird an Friedrich Schillers Worte erinnert: «Gern dien' ich den Freunden, doch tu' ich es leider mit Neigung. Und so wurmt es mir oft, daß ich nicht tugendhaft bin.» Der Soziobiologe kann darauf erwidern: «Die Neigung, Freunden zu dienen, ist das, worauf es ankommt. Sie bedarf der Tugend nicht.»

Der Ursprung sozialer Intelligenz

In komplex strukturierten, individualisierten Gesellschaften (S. 17), deren Angehörige über ein hochentwickeltes Gehirn und eine entsprechende Intelligenz verfügen, sind sehr differenzierte Formen des Verhaltens unter den Individuen beobachtbar, die auf *soziale Intelligenz* schließen lassen. Von sozialer Intelligenz kann man sprechen, wenn ein Lebewesen, um ein bestimmtes Ziel zu erreichen, nicht einfach seine Körperkraft, sondern etwa das Mittel der «taktischen Täuschung» einsetzt. Darüber verfügen nicht nur Menschen, sondern auch nichtmenschliche Primaten. Der Verhaltensforscher Frans de Waal beschrieb bereits vor über 20 Jahren recht eindrucksvoll Strategien, mit deren Hilfe Schimpansen – wahre Meister der Täuschung – ihre Eigeninteressen durchsetzen. Ein Beispiel dafür ist folgendes.

Die beiden Schimpansenmännchen Yeroen und Nikkie gerieten miteinander häufig in Streit. Einmal beobachteten ihre Wärter, daß Yeroen hinkte; offenbar war er bei einem der Kämpfe am Bein verletzt worden. Dann aber merkten die Beobachter, daß Yeroen nur in Nikkies Nähe hinkte. Kaum wußte er sich außerhalb des Blickfelds seines – stärkeren – Rivalen, änderte er sein Verhalten und ging normal weiter. Mit seinem Hinken wollte er seinem Rivalen zweifellos etwas demonstrieren. Die Vermutung ist nicht von der Hand zu weisen, daß er aus früheren Kämpfen gelernt hatte: So lange er hinkt, wird ihn sein Gegner in Ruhe lassen, und er kann diesen daher täuschen. (Auch unter Schimpansen scheint die Regel zu gelten, daß es nicht schicklich sei, einen Verwundeten oder sonstwie Behinderten anzugreifen.)

Wie bereits festgestellt wurde, ist Tieren jedes Mittel recht, um ihre Überlebens-, das heißt Fortpflanzungschancen zu erhöhen (S. 40). Die Täuschungsmanöver der Primaten stehen allerdings auf einem anderen, höheren Niveau als das Verhalten beispielsweise der Satelliten-Frösche oder der Krähen, die vom Nachbarn Nistmaterial stehlen. Sie setzen eine ausgeprägte Fähigkeit zu sozialem Lernen voraus, zur Veränderung des individuellen Verhaltens innerhalb einer Gruppe zum Beispiel durch Imitation des Verhaltens anderer Gruppenangehöriger. Wie Tabelle 5 zeigt, gibt es bei den (nichtmenschlichen) Primaten eine Reihe von taktischen Täuschungen und subtile Mittel zu ihrer Realisierung, die auf sehr gut entwickeltes soziales Lernen und eine entsprechende soziale Intelligenz hinweisen. Zumindest in Ansätzen findet man die eine oder andere dieser Täuschungen auch bei anderen Säugetieren, zum Beispiel Hunden. Besonders in Primatensozietäten hat die soziale Intelligenz eine wichtige gruppenstabilisierende Funktion. Sie erlaubt dem Individuum einerseits die Täuschung anderer, ermöglicht ihm aber auch, die

Tab. 5: Taktische Täuschung bei (nichtmenschlichen) Primaten und ihre Mittel

Verbergen	Stillsein, Verstecken, Ignorieren, Mimen von Desinteresse
Ablenken	Lautäußerungen, Wegschauen, Drohen, Verwickeln in eine Interaktion
Hinlocken	Lautäußerungen, Hinführen, Verwickeln in eine Interaktion
Falschen Eindruck erwecken	Neutrales Verhalten, Drohen, Freundlichkeit
Ablenken auf unbeteiligten Dritten	Umlenken einer Drohung, Zeichensprache (bei unterrichteten Primaten)
Kontern einer Täuschung	Verhindern des Erfolgs einer Täuschung durch Täuschung des Täuschenden

anderen besser zu «verstehen» – und gegen die «Betrüger» wirksame Gegenstrategien zu entwickeln. Hier liegen die Wurzeln unserer eigenen sozialen Intelligenz, die sich zum einen im Mitgefühl mit unseren Artgenossen zeigt, zum anderen aber durchaus auch darauf ausgerichtet ist, diese «hinters Licht zu führen», um bestimmte Ziele schneller und leichter zu erreichen. Fairneß macht sich zwar belohnt – allerdings nur, wenn man sie auch von anderen erwarten kann.

Vom Gen zum Verhalten

Es ist inzwischen ein Gemeinplatz, daß das Verhalten der Lebewesen – einschließlich des sozialen Verhaltens – eine genetische Grundlage hat. Kein Lebewesen kommt gleichsam als unbeschriebenes Blatt zur Welt, sondern ist mit einem – seiner Art eigenen – genetischen Programm ausgestattet, das die Grundlinien seines Verhaltens vorgibt. Ein frisch aus dem Ei geschlüpftes Entlein kann daher sofort schwimmen. Einem Schwimmvogel ist diese Fähigkeit ebenso *angeboren* wie einem Säugetier die Fähigkeit zu saugen. Die genetischen Programme der Lebewesen sind Überlebensprogramme. Das bedeutet freilich nicht, daß das Verhalten jedes Lebewesens in allen Einzelheiten genetisch programmiert, von vornherein bestimmt sei. Bei Arten mit einem relativ komplexen Nervensystem beziehungsweise Gehirn – und daher einer entsprechenden Lernfähigkeit – sind mannigfache individuelle Modifikationen der angeborenen Verhaltensanlagen möglich.

Soziobiologen waren von Anfang an mit dem Einwand konfrontiert, daß sie einen *genetischen Determinismus* vertreten, wonach insbesondere auch menschliches (Sozial-)Verhalten sozusagen unwandelbar in den Genen festgelegt wäre. Dieser Einwand ist unbegründet. Soziobiologen ignorieren keineswegs nichtgenetische Faktoren im Sozialverhalten; im Gegenteil, sie schätzen die Rolle ökologischer Faktoren hoch ein (S. 27). Allerdings kann aus soziobiologischer Sicht verdeutlicht werden, daß die Gene einen starken Anteil an der Bildung sozialer Verhaltensmuster haben. Diese Verhaltensmuster – gleich, wie sie im einzelnen ausgeprägt sind – sind letztlich nur aus dem Umstand erklärbar, daß jedes Lebewesen im Dienste seines Überlebens seine eigenen Gene weitergeben «will». Es ist zuzugeben, daß der Weg vom Gen zum Verhalten in vielen Einzelheiten noch unbekannt ist. Aber die Soziobiologie liefert wichtige Ansätze dazu, diesen Weg nachzuvollziehen und hilft, alte (ideologische) Vorurteile zu beseitigen (wiewohl sie selbst solchen Vorurteilen nach wie vor häufig ausgesetzt ist).

Sind Gene egoistisch?

Mit seinem Buch *The Selfish Gene* (*Das egoistische Gen*) hat Richard Dawkins in den 1970er Jahren die Debatten um die Soziobiologie kräftig angeheizt. Er beschreibt darin Lebewesen als Überlebensmaschinen und gibt zu verstehen, daß sie nur die «Gepäckträger» ihrer eigenen Gene sind, die ihrerseits (Gangstern ähnlich) nur durch ihren eigenen Egoismus in einer gefährlichen Welt (vergleichbar mit der Gangsterwelt einer amerikanischen Großstadt) oft mehrere Millionen Jahre überlebt haben. Dawkins' Aussagen wurden sofort – und werden teils noch heute – mißverstanden. Schuld daran trägt insbesondere die Metapher vom egoistischen Gen.

Gene sind Erbfaktoren, Abschnitte auf der DNA, die bestimmte Merkmale (Strukturen, Funktionen, Verhaltensweisen) codieren. Wie kann ihnen also eine Eigenschaft wie «egoistisch» zugeschrieben werden? Diese Eigenschaft erhält – ebenso wie die Eigenschaft «altruistisch» – ihren Sinn erst auf der Ebene des Gesamtorganismus. In der Tat behauptet auch niemand, daß sich ein Gen im eigentlichen Sinne des Wortes egoistisch (oder altruistisch) verhalten kann. Gene sind keine separaten Elemente in einem Organismus, sondern stehen in komplexer Beziehung zueinander. Entgegen früheren Vorstellungen weiß man heute, daß für jedes Merkmal eines Lebewesen nicht ein bestimmtes, einzelnes Gen zuständig ist. Vielmehr werden Merkmale durch ganze Genkomplexe bewirkt, und ein und dasselbe Gen kann auch an der Bildung mehrerer Merkmale beteiligt sein. Die Metapher vom egoistischen Gen ist nur so zu verstehen, daß der Egoismus aller Lebewesen eine genetische Grundlage hat. Gene sind «Replikatoren», also Strukturen, die Kopien von sich selbst anfertigen. Das geschieht durch den Prozeß der Fortpflanzung, bei dem Lebewesen ihre Gene weitergeben. Daß dieser Prozeß für alle Lebewesen von elementarer Bedeutung ist, haben wir bereits gesehen (S. 33 ff.). Dawkins selbst schreibt folgendes:

> «So wie es nicht zweckmäßig ist, über Quanten und Elementarteilchen zu reden, wenn wir die Funktionsweise eines Autos erörtern, ist es häufig ermüdend und unnötig, beständig die Gene heranzuziehen, wenn wir das Verhalten von Überlebensmaschinen diskutieren. In der Praxis ist es gewöhnlich zweckmäßig, den einzelnen Körper annäherungsweise als ein Subjekt zu betrachten, das die Zahl aller seiner Gene in zukünftigen Generationen zu vergrößert ‹sucht›.» (*Das egoistische Gen*, S. 91)

Gene sind also keine für sich existierenden Einheiten, die den Organismus dazu drängen, dieses oder das zu tun. Aber jedes Merkmal eines Organismus, auch jedes Verhaltensmerkmal, hat eine genetische Grundlage. Einzelne Gene dürfen wir dabei zwar nicht überschätzen, sie zu ignorieren ist aber ebenso unzulässig.

Genetische Anlagen oder genetische Bestimmung?

Wenn Verhaltensforscher davon reden, daß es genetische Anlagen für Verhaltensweisen gibt, dann wird das auch heute oft als Annahme verstanden (und mißverstanden), daß das ganze Verhalten jedes beliebigen Lebewesens genetisch *determiniert* sei. In Wahrheit wird in der Verhaltensforschung beziehungsweise Soziobiologie selbstverständlich auch das *Lernen* als wichtiger Faktor im Verhalten individueller Organismen betrachtet. Die *Lerndisposition*, die Fähigkeit zu lernen, ist zwar angeboren und «steckt», wenn man so will, in den Genen des jeweiligen Lebewesens, erlaubt diesem aber, je nach «Entwicklungshöhe», eine bestimmte Flexibilität in seinem Verhalten.

Jeder Hundebesitzer versucht seinem vierbeinigen Freund beizubringen, wann er sich setzen, stehenbleiben oder etwas suchen soll. Das gelingt in der Regel ganz gut, und mit etwas Geduld kann dem Hund noch viel mehr beigebracht werden. Wären aber Hunde grundsätzlich nicht lernfähig, dann würde auch endlose Geduld nichts nützen. Auf welchen Befehl hin er sich setzen oder zubeißen soll, ist einem Hund nicht angeboren, er kann aber auf der Basis seiner angeborenen Disposition, Verschiedenes zu lernen, dazu gebracht werden, sich bei «Sitz» hinzusetzen oder bei «Vorwärts» jemanden anzugreifen. Er kann mit bestimmten Zeichen und Befehlen Assoziationen knüpfen, durch Belohnung lernen und so weiter. Insbesondere bei Vögeln und Säugetieren – Tierklassen mit im allgemeinen relativ hoher Lernkapazität – ist nicht jedes an Individuen beobachtbare Verhalten genetisch bestimmt. Ein Beispiel dafür ist auch das folgende. Wenn man einen isoliert aufgewachsenen Iltis zum ersten Mal mit einer Ratte konfrontiert, dann beginnt er sofort, diese zu jagen, geht aber sehr ungeschickt bei ihrer Tötung vor. Er «weiß» nicht, wo er zubeißen soll. Junge Iltisse aber, die von ihrer Mutter lernen, «wissen», daß der Nackenbiß die Ratte am schnellsten tötet. Genetisch angelegt ist also bei Iltissen die Wahrnehmung einer Ratte als Beuteobjekt, nicht aber die Strategie, wie dieses am effektivsten getötet werden kann.

Nicht jedes einzelne Verhaltensmerkmal eines individuellen Lebewesens ist also genetisch bestimmt, jedes aber genetisch angelegt – als Folge jenes Existenzkampfes, den unzählige Generationen seiner Art zu bestehen hatten. Anders gesagt: Nicht alles steckt in den Genen, aber die Gene stecken in jedem Lebewesen.

Das alte Problem: Erbe und Umwelt

Zu den alten Problemen, die sich in der Wissenschaft besonders hartnäckig bis in unsere Tage (und jetzt gestützt durch die Medien) gehalten haben, gehört die Frage, ob Lebewesen durch ihre Erbanlagen oder durch ihre Umwelt bestimmt werden. Nach dem Gesagten fällt die Antwort auf diese Frage nicht schwer: Lebewesen kommen mit angeborenen Anlagen zur Welt, sind aber auch stets mit einer spezifischen Umwelt konfrontiert. Das ist biologisch trivial. Kein Organismus wird *ausschließlich* von seinen Erbanlagen oder *ausschließlich* von seiner Umwelt bestimmt. Die Erbanlagen selbst sind ja Ergebnisse der ständigen Konfrontation von Lebewesen mit ihrer Umwelt.

Umgekehrt definieren sie die arteigene *Reaktionsnorm* eines Organismus auf seine Umwelteinflüsse. Warum also wird die Erbe-Umwelt-Kontroverse nach wie vor so gern geführt?

Von besonderem Interesse ist dabei natürlich das menschliche Verhalten. Es macht einen Unterschied, ob man glaubt, daß der Mensch genetisch *bestimmt* oder durch Umwelt und Erziehung *formbar* sei. Erzieher, Politiker und Juristen neigen – verständlicherweise – dazu, den Menschen als *tabula rasa*, als «leeren Kasten» zu sehen, der durch ihre eigenen Einflüsse sozusagen mit Inhalten gefüllt werden kann. (Der von außen lenkbare Mensch ist ein altes Traumgespinst.) Diese Neigung aber ist fatal. Sie hat nicht nur schon viel Unheil angerichtet, sondern geht auch an der – inzwischen erhärteten – Tatsache vorbei, daß der Mensch eben kein «leerer Kasten» ist. Zum einen trägt er, als Gattungswesen, die Spuren seiner Vergangenheit (sein Primatenerbe) sozusagen mit sich herum; zum anderen kommt jeder einzelne Mensch mit der spezifischen genetischen Ausstattung seiner unmittelbaren Vorfahren zur Welt – oder ist davon zumindest in einem bestimmten Ausmaß beeinflußt. (Oft wirkt sich dieser Einfluß negativ aus. So gibt es beispielsweise Indizien dafür, daß Brustkrebs eine sehr starke genetische Komponente hat.)

Kein Lebewesen – ob Alligator, Kanarienvogel, Fuchs oder Mensch – ist bei seiner Geburt eine *tabula rasa*. Dies erkannt zu haben war das wesentliche Verdienst von Ethologen wie Konrad Lorenz. Damit stand die Verhaltensforschung von Anfang an im Gegensatz zum *Behaviorismus*, jener Lehre, wonach jedes Lebewesen eben als unbeschriebenes Blatt, als leerer Kasten – man nenne es, wie man will – zur Welt kommt. Es ist wohl kein Zufall, daß die «Behavioristen» ihre Experimente vor allem an Ratten, überaus lernfähigen Tieren, durchführten. Allerdings ignorierten sie dabei den Umstand, daß die Lernfähigkeit von genetischen Dispositionen abhängt. Ratten sind sehr soziale Lebewesen, Schnabeltiere beispielsweise sind es nicht. Aufgrund ihrer Sozialität und Lerndisposition sind Ratten Schnabeltieren «überlegen». Hätten sich die Behavioristen aber auch mit Schnabeltieren beschäftigt, dann hätten sie einsehen müssen, daß die Lernfähigkeit eines Lebewesens in artspezifischer Weise begrenzt ist. Nicht bloß zufällig eignen sich nur Individuen bestimmter Spezies als Zirkustiere. Mit einem Schnabeltier kann auch der begabteste Dompteur nichts anfangen.

Heute ist die Frage «Erbe *oder* Umwelt?» entschieden. Genauer gesagt: Die Frage stellt sich so nicht mehr. Mehrfach wurde in diesem Zusammenhang folgender Vergleich herangezogen: Was ist für das Ergebnis einer Multiplikation wichtiger – der Multiplikand oder der Multiplikator? Natürlich keiner von beiden, beide sind gleich wichtig und nicht voneinander zu trennen. Kein Lebewesen wird ohne Erbanlagen geboren, und kein Lebewesen existiert ohne eine Umwelt. Das ist heute eine biologische Binsenweisheit. Allerdings verfügen manche Arten von Lebewesen über ein beträchtliches Lernpotential. In althergebrachter Terminologie könnte man sagen, daß, um bei obigem Beispiel zu bleiben, das Schnabeltier stärker von seinen (angeborenen) «Instinkten» abhängt als eine Ratte. Beide aber «agieren» letztlich nur im Rahmen ihrer genetischen Programme. Die jedoch ermöglichen einer Ratte (oder einem Hund oder einem Schimpansen oder einem Menschen) eine größere «Bewegungsfreiheit», einen größeren Aktionsradius.

Die Trennung von Erbe und Umwelt – beim Menschen: Erbanlagen und Erziehung – gehört jedenfalls zu den folgenschweren Irrtümern unserer Geistesgeschichte. Sie spielt auch in Kontroversen um die Soziobiologie eine wesentliche Rolle. Manche Verirrung und Verwirrung wäre uns aber erspart geblieben, wären Erbe und Umwelt nicht als Gegensätze aufgetürmt worden. Dennoch wird, wie gesagt, immer noch gern darüber diskutiert und gestritten, welche der beiden Komponenten im Leben der Organismen – insbesondere des Menschen – stärker ist. Motive für diese Diskussionen und Streitigkeiten liefert nicht mehr die Biologie, sondern das Festhalten an bestimmten Denktraditionen und Ideologien. Nimmt man die Ergebnisse der Biologie ernst, dann allerdings kann man nicht mehr an die unbegrenzte Erziehbarkeit des Menschen glauben. Der Multiplikand ist vom Multiplikator eben nicht unabhängig; Erziehung kann nicht unabhängig von den genetischen Anlagen «angesetzt» werden.

Erbanlagen und (soziales) Lernen

Wenn es darauf ankommt, mit einem Zweig oder Stock Termiten aus ihrem Bau zu holen, verhalten sich Schimpansen sehr geschickt. Verschiedene Populationen haben sogar unterschiedliche Techniken dazu entwickelt. Ein neugeborener Schimpanse weiß davon freilich nichts. Aber indem er, etwas größer geworden, zusieht, wie sich die Erwachsenen seiner Gruppe ihre Mahlzeiten sichern, lernt er, wie er künftighin sein eigenes Überleben meistern kann (Abb. 10).

Japanmakaken machen Schneebälle. Vor über 30 Jahren wurde erstmals beobachtet, wie ein ranghohes Männchen einen Schneeball produzierte und ihn lang rollte, bis er eine beachtliche Größe erreichte. Seither haben die Makaken dieser – genau beobachteten – Gruppe jeden Winter Schneebälle produziert, die eine große Attraktion für alle Gruppenmitglieder waren. Primaten sind sehr erfindungsreich; sie gelangen spielerisch zu «Innovationen», die sie in ihren jeweiligen Gruppen weitergeben. Vielleicht dient dieses Verhalten der schnellen Anpassung an neue Situationen und Lebensräume. Es ist jedenfalls unbestritten, daß *Spiele* bei Tieren und Menschen einen beträcht-

Abb. 10: Ein erwachsener Schimpanse holt sich mit einem Stock Nahrung. Ein kleiner Schimpanse lernt diese Taktik, indem er zusieht.

lichen Lerneffekt erzielen können. Sie sind sozusagen Übungen für den Ernstfall.

Lernen durch *Imitation* ist allerdings nicht auf Primaten beschränkt, sondern findet sich auch bei manchen Vögeln und den meisten anderen Säugetieren. Es hat gruppenstabilisierende Funktionen, dient aber selbstverständlich auch dem (lernfähigen) Individuum. Ein junger Wolf, der lernt, daß ihm das Jagen in der Gruppe Vorteile bringt, wird gerade diese Strategie des Jagens verfolgen. Wenn er hingegen das Plus des kollektiven Jagens nicht «begreift», sich von seiner Gruppe trennt und versucht, allein eine Beute zu fangen, dann werden seine Chancen in der Regel schlecht stehen. Nun hat es aber die Natur – durch die Selektion – so eingerichtet, daß Wölfe nur in Ausnahmefällen als Einzelgänger leben. Ein Wolf ist üblicherweise Teil einer Gruppe, die seinen eigenen und ihren Erfolg (als Gruppe) gewährleistet. Hier bleibt am Rande zu bemerken, daß nun in verschiedenen Ländern (etwa Deutschland und Österreich), wo sie praktisch ausgestorben waren, Wölfe wieder angesiedelt wurden. Dabei lassen sich oft einzelne Exemplare blicken – möglicherweise als Konsequenz ihrer «unnatürlich» gewordenen Lebenssituation.

Wenn von Wölfen die Rede ist, muß auch erwähnt werden, daß diese Tiere – wie auch Hunde, Wildhunde, Elefanten, Menschenaffen und möglicherweise Delphine (?) – in der Lage sind, Fähigkeiten nicht nur durch Imitation zu erlernen, sondern darüber hinaus durch *Lehren* weiterzugeben, ihren Nachkommen also sozusagen etwas beizubringen. *Homo sapiens* kennt darüber hinaus den *Symbolismus*, das heißt die Darstellung eigener Erfahrungen – Gedanken, Wünsche und so weiter – in Form von Symbolen, zum Beispiel Schrift. Er ersetzt dabei reale Gegenstände oder Vorgänge durch Zeichen und vermag sich über diese Zeichen mit seinen Artgenossen zu verständigen. Der moderne Mensch lebt in einer Welt der Zeichen, er verwendet sie, um anderen etwas mitzuteilen, er interpretiert die Zeichen der anderen und hebt so die Kommunikation gewissermaßen auf eine höhere Ebene. An den Grundmustern seines (sozialen) Verhaltens hat sich dadurch aber nichts Wesentliches geändert.

Das soziale Leben des Menschen

Der Mensch wurde in den bisherigen Ausführungen dieses Buches immer wieder berücksichtigt. Er ist nur eine unter vielen sozialen Spezies. Wie alle anderen gesellig lebenden Arten, zeigt auch *Homo sapiens* verschiedene Eigenheiten, und es gibt keinen Grund, für ihn weiterhin eine «Sonderstellung» in der Organismenwelt zu reklamieren. Verschiedene Modelle und Konzepte der Soziobiologie lassen sich heute ziemlich problemlos auf *Homo sapiens* anwenden. Wenn sich dagegen immer noch starke Bewegungen formieren, dann meist aus in unserer Geistesgeschichte tief verwurzelten ideologischen Motiven. Zahlreich sind auch die Mißverständnisse im Zusammenhang mit einer Soziobiologie des Menschen. Hier sollen nun die Grundzüge des menschlichen Sozialverhaltens aus soziobiologischer Sicht und die wichtigsten Aspekte einer *Humansoziobiologie* kurz dargestellt werden. In den letzten Jahren häufen sich Bemühungen, das menschliche (Sozial-)Verhalten in allen seinen Facetten mit den Prinzipien der Evolution durch natürliche Auslese in Einklang zu bringen. Was dabei oft unter dem Ausdruck *Evolutionspsychologie* in Umlauf gebracht wird, entspricht im wesentlichen dem Anliegen der (Human-)Soziobiologie.

Schimpansenpolitik

Der bereits erwähnte Verhaltensforscher Frans de Waal (S. 69) veröffentlichte 1982 ein Buch mit dem beziehungsvollen Titel *Chimpanzee Politics*. Der Titel der deutschen Übersetzung, *Unsere haarigen Vettern*, ist allerdings nicht sehr ausdrucksstark. Denn de Waal war bemüht zu zeigen, welche «Politik» Schimpansen anwenden, um in ihrer Gruppe an die Macht zu kommen oder dort zu bleiben. Die Parallelen zu unserer eigenen Politik sind dabei oft erstaunlich. Der Vorwurf, daß diese ein-

fach auf Schimpansen übertragen wird, ist unberechtigt. Soziobiologen verfolgen weder die Absicht, Tiere zu erhöhen, noch
wollen sie den Menschen erniedrigen, sondern ziehen aus dem
Vergleich von Verhaltensstrategien Schlüsse auf deren gemeinsame Wurzeln. Die Tatsache, daß der Mensch mit Schimpansen
etwa 98 Prozent seiner Gene teilt, macht die gemeinsamen Wurzeln seines Verhaltens und des Verhaltens der Schimpansen auch
sehr wahrscheinlich.

Die Täuschungsmanöver insbesondere von Schimpansen
(S. 69 f.) werden oft unter dem Ausdruck «Machiavellische Intelligenz» beschrieben. Der italienische Staatsmann und Historiker
Niccolò Machiavelli (1469–1527) sah im Verhalten von Politikern und Staatsmännern in der Hauptsache das Streben nach
Macht und Machterhaltung. Daneben formulierte er als politi-
sches Prinzip, gut sei alles, was dem Staat beziehungsweise dem
Herrscher dient, also auch Sabotage, Verrat, Bestechung, Täuschung und so weiter. Unter *Machiavellismus* versteht man daher eine skrupellose Politik, die ihre Ziele mit allen möglichen
Mitteln anstrebt. Das kommt uns sehr bekannt vor. In der Tat
sind *Rangordnung* und *Dominanzstreben* von der Politik des
Homo sapiens ebensowenig wegzudenken wie von der Schimpansenpolitik. Daß sich die Politiker unserer Spezies dabei anderer Mittel bedienen, darf nicht überraschen. Zwar verbindet
uns mit den Schimpansen der Großteil unserer Gene, was uns
aber von ihnen trennt, sind rund 1000 Kubikzentimeter Gehirn.
Daher sind unsere Möglichkeiten zu taktieren wesentlich besser,
wenn sie auch in ihren Grundmustern viel älteren Strategien
folgen.

In dem Bestreben, in der eigenen Gruppe eine ranghohe Po-
sition einzunehmen und zu halten, sind Menschen im allgemeinen nicht zimperlich. Im Extremfall sind sie bereit, einen Rivalen physisch auszuschalten. Ansonsten bedienen sie sich vor
allem des Mittels der *Sprache*, um voranzukommen. Damit haben sie weit bessere, subtilere Möglichkeiten als Schimpansen
und alle anderen Lebewesen entwickelt. Die Sprache ist ein her-
vorragendes Instrument, einen anderen über die eigenen Ab-
sichten zu täuschen, zu belügen oder ihm einen geradezu exi-

stenzgefährdenden Schaden zuzufügen (*Rufmord*), ohne ihn physisch zu bedrohen. Andererseits erlaubt die Sprache auch das Knüpfen sozialer Banden und deren Verstärkung. Lob, Schmeichelei, Danksagungen, Ehrungen, Sympathiebezeugungen und so weiter sind ausgezeichnete Mittel, um Freunde zu gewinnen und zu halten. Der Vorteil der sprachlichen Manipulation liegt vor allem darin, daß das eingesetzte Instrument Kosten spart und dennoch sehr wirksam ist. Eine physische Auseinandersetzung ist aufwendig und kann auch für den Angreifer gefährlich sein. Einen Kollegen beim Chef anzuschwärzen kostet dagegen praktisch nichts und kann trotzdem den Effekt haben, daß man in dessen Gunst steigt und bei Gelegenheit den begehrten Platz des Kollegen zugewiesen bekommt.

Vom Steinzeitjäger zur Massengesellschaft

Nach allem, was wir heute wissen, gibt es Hominiden (Menschenartige), das heißt zweibeinige Primaten (ständige Aufrechtgeher), seit vier bis fünf Millionen Jahren. Sie traten in verschiedenen Spezies auf, übrig blieb *Homo sapiens*, dessen jüngste «Ausläufer», also wir, rund 40 000 Jahre alt sind. Hominiden lebten – das ist heute praktisch unbestritten – die längste Zeit in kleinen Gruppen von 20 bis 50 Individuen, Sozietäten, die in bezug auf ihre Größe und Struktur mit Gruppen anderer, heute lebender Primaten (vor allem Schimpansen) vergleichbar sind (Abb. 11). Sie waren bis zur sogenannten jungsteinzeitlichen Revolution – die in einigen Regionen der Erde vor etwa 12 000 Jahren, in anderen später stattfand – *Jäger und Sammler*. Sie führten eine aneignende Lebensweise, nutzten die verfügbaren Ressourcen und zogen als Nomaden umher. Sie suchten sich kurzfristig Schlaf- oder mittelfristig Lagerplätze, an die sie aber nicht gebunden waren und die sie jederzeit verlassen konnten. Erst in der Jungsteinzeit wurde der Mensch seßhaft und begann, Nahrungsmittel zu produzieren, indem er Pflanzen und Tiere domestizierte und züchtete. Vereinzelt haben sich Jäger-und-Sammler-Gesellschaften bis in unsere Tage gehalten. Früher irreführend als «Naturvölker» bezeichnet, werden sie

Abb. 11: Versuch einer Rekonstruktion des sozialen Lebens
auf dem Niveau einer prähistorischen Hominiden-Spezies (*Homo erectus*),
die schon das Feuer handhaben und einfache Behausungen bauen konnte.

heute meist als «Wildbeuter» charakterisiert. Das hat nichts
daran geändert, daß diese Gesellschaften von unserer Zivilisation
immer schneller überrollt werden und vom Aussterben bedroht
sind. Vielen von ihnen hat längst die Stunde geschlagen.
Die Indianer Nordamerikas wurden vom «Weißen Mann»
innerhalb weniger Jahrhunderte niedergemetzelt, ihrer Lebensräume
beraubt oder zwangszivilisiert. Viel blieb von ihnen nicht
übrig. Heute leben sie entweder in Reservaten oder sind in die
amerikanische Zivilisation integriert.

In der Soziobiologie herrscht Einigkeit darüber, daß die
Grundstrukturen unseres sozialen Verhaltens – auch in seinen
komplexen Formen des Moralverhaltens – ein Resultat des Lebens
in kleinen Gruppen sind. Solche *Primär-* oder *Sympathie-*

gruppen sind ein altes Primatenerbe. Ihre Individuen sind einander persönlich bekannt, pflegen nicht nur gemeinschaftliches Jagen und Sammeln, sondern auch Nahrungsteilung und andere Formen der Kooperation und des reziproken Altruismus. Sie tauschen zum Beispiel Wissen über die Herstellung und den Gebrauch von Werkzeugen aus (S. 63). Sie bleiben aber gegenüber gruppenfremden Artgenossen skeptisch und grenzen ihr eigenes kleines Kollektiv von anderen Gruppen mehr oder weniger deutlich ab. Ein starkes soziales Band fördert die Kooperation unter den Gruppenmitgliedern und steigert die Skepsis gegen alle, die nicht «dazugehören». Gesteigerte Skepsis kann schnell in Aggression umschlagen.

Die meisten Menschen heute aber leben in Gesellschaften, die ganz anders strukturiert sind: *anonyme Massengesellschaften.* Solche können – die ständig wachsenden Großstädte zeigen es nur zu deutlich – viele Millionen Individuen umfassen. Städte wie New York, Mexiko City oder Kalkutta sind, evolutionsgeschichtlich gesehen, einzigartige Beispiele für die «Zusammenballung» unzähliger Individuen, die kein soziales Band zusammenschweißt. Aber kein Mensch ist in der Lage, zu, sagen wir, zehn Millionen anderen Menschen irgendeinen (sozialen) Kontakt aufzubauen. Das geht sich weder zeitlich aus, noch kann jemand die Energie aufbringen, sich ein derartig umfassendes «Kontaktnetzwerk» zu schaffen. Auch der Umstand, daß die Individuenzahl des *Homo sapiens* mittlerweile auf über sechs Milliarden angewachsen ist, ist überaus bemerkenswert. Sechs Milliarden sind für einen Primaten seiner Größen- und Gewichtsklasse der absolute Rekord. Einmalig in der Evolutionsgeschichte sind auch die abstrakten Sozietäten des heutigen Menschen. Staaten oder Staatenverbände wie die Europäische Union sind Konstrukte, die durch ein komplexes Regelwerk von Normen zusammengehalten werden und nicht auf persönlicher Bekanntschaft und nepotistischem Altruismus (S. 64) aufgebaut sind. Inwieweit ihnen langfristig, in evolutiven Zeitmaßen gemessen, Erfolg beschieden sein wird oder kann, bleibt allerdings abzuwarten. Jäger-und-Sammler-Gesellschaften wurden von der Selektion über Jahrmillionen begünstigt, die

Europäische Union aber besteht erst seit einigen Jahrzehnten. Ob sie der Selektion standhalten kann, wird sich erst in Zukunft zeigen.

Von Natur aus ein *Kleingruppenwesen* stößt der Mensch mit solchen Sozialstrukturen und Regelwerken auf Probleme grundsätzlicher Art. Seine Politik folgt nach wie vor im wesentlichen der Schimpansenpolitik und den Macht- und Rangordnungsprinzipien seiner prähistorischen Vorfahren. Mit den abstrakten Sozietäten weiß der einzelne nicht sonderlich viel anzufangen, weil sein eigenes soziales Netzwerk nach wie vor aus einer relativ kleinen Gruppe mit abgestufter Sympathie – Verwandte, Freunde, Bekannte – besteht. Aber auch die abstrakten Sozietäten werden von Individuen gemacht und repräsentiert, Politikern und Staatsmännern, die einander persönlich bekannt sind, sich «verabreden», Seilschaften bilden und so weiter. In Staaten und Staatenbündnissen treten an die Stelle der direkten sozialen Kontrolle, die in Primärgruppen ausgeübt wird, legale Systeme. Eines der Ziele dieser Systeme ist, die Vetternwirtschaft (S. 63 ff.) zu bekämpfen und gleiche Chancen für alle zu schaffen. Daß das in der Praxis nicht so ganz klappt, wissen wir. Korruptionsskandale, Parteispendenaffären, Bevorzugung bei der Vergabe großer Projekte, Preisabsprachen und so weiter begleiten unsere Politik und Wirtschaft auf Schritt und Tritt. Unser viele Jahrmillionen altes Primatenerbe können wir nicht innerhalb weniger Jahrhunderte oder gar Jahrzehnte durch die Einführung abstrakter Normen einfach abstreifen. Ein altes somalisches Sprichwort besagt: «Ich und Somalia gegen die Welt; ich und mein Clan gegen Somalia; ich und meine Familie gegen unseren Clan; ich und mein Bruder gegen die Familie; ich gegen meinen Bruder.» Positiv gewendet heißt das: «Ich stehe zu meinem Bruder; gemeinsam mit ihm bin ich für unsere Familie; mit dieser kämpfen wir für unseren Clan; wir unterstützen den Clan im Kampf für Somalia gegen den Rest der Welt.» Ähnliche Sprichwörter findet man auch in anderen Kulturen. Sie sagen viel aus über den Menschen und seine Selbsteinschätzung, seine sozialen Bindungen und die Grenzen seiner Solidarität mit anderen.

Sozialer Streß

Das (soziale) Grundproblem des *Homo sapiens* in den jüngsten
Etappen seiner Geschichte ist die zunehmende Präsenz von Artgenossen. Der heutige Mensch begegnet, zumal in den Städten,
ständig ihm fremden Personen, mit denen er nichts zu tun hat
und meist auch nichts zu tun haben will. Überfüllte Straßen-
und Untergrundbahnen, endlose Warteschlangen vor den Ab-
fertigungsschaltern auf Flughäfen, das Gedränge in Aufzügen
von großen Bürogebäuden oder die Menschenmassen an Bade-
stränden verursachen beim einzelnen eine Vielfalt negativer
Emotionen. Die Folge davon ist sozialer Streß.

Bedeutet Streß im allgemeinen eine Belastung, die ein Organismus durch lang andauernde und mitunter schädigende Reize
erfährt, so definiert sich der soziale Streß des heutigen Menschen aus der «Bedrängtheit», die der einzelne durch andere
Menschen ständig erfährt. Eines der belastenden Momente
dabei ist, daß sich das Individuum verstärkt auf ihm fremde Individuen und Institutionen, die er zum Teil nicht «durchschaut», verlassen muß. Die Vertrautheit der Individuen in der
Kleingruppe weicht einem erzwungenen Kontakt zu unzähligen
Personen, die kein engeres soziales Band miteinander verbindet.
Aus verschiedenen Beobachtungen geht hervor, daß beim Menschen eine Gruppe, deren Individuenzahl einen bestimmten
Wert übersteigt, als solche nicht mehr existenzfähig ist. Viele
soziale «Bindungen» des heutigen Menschen ähneln daher auch
mehr einer durch äußere Faktoren bedingten Schar (S. 19 f.) als
einer individualisierten Gesellschaft mit einem starken inneren
Band. Allerdings hat, wie angedeutet wurde, die Existenz an-
onymer Großgesellschaften an unserer Neigung, Primär- oder
Sympathiegruppen zu bilden, nichts geändert. Wir bilden Verei-
ne, Clubs, Allianzen und so weiter. Um dem in der Anonymität
unserer Großgesellschaften entstehenden sozialen Streß zu entgehen, ziehen wir uns gern in unsere Kleingruppe zurück. Wo
eine solche nicht von vornherein existiert – etwa aufgrund zer-
rütteter Familienverhältnisse –, dort wird sie geschaffen. Ein
(negatives) Beispiel dafür sind Jugendbanden in Großstädten,

die vielen Heranwachsenden die einzige Möglichkeit bieten, «dazuzugehören», sich als Teil einer überschaubaren Gemeinschaft zu fühlen und in dieser womöglich auch eine wichtige Funktion auszuüben.

Nimmt man die Tatsache ernst, daß wir geborene Kleingruppenwesen sind, dann kommt man um einen kritischen Blick auf die modernen Industriegesellschaften westlicher Prägung nicht herum. *Konkurrenz* war stets ein wichtiger Faktor in unserer sozialen Evolution. Die längste Zeit aber stand der einzelne mit Verwandten und Nachbarn im Wettbewerb. Heute, im Zeitalter der Massenkommunikation, liefert ihm das Fernsehen «Konkurrenten», Helden und Pseudohelden von scheinbar unerreichter Qualität. Die Reaktionen darauf sind nicht selten Frustration und Verzweiflung oder eine übersteigerte Aggression – ein sehr ungesunder sozialer Streß, der dem einzelnen ebenso schadet wie seiner Umgebung. Dieses Beispiel deutet auch auf die «praktische» Relevanz der Soziobiologie hin. Indem sie uns hilft, die Wurzeln und Konsequenzen unseres eigenen Sozialverhaltens zu verstehen, liefert sie uns ein wichtiges Instrument zur kritischen Analyse unserer heutigen Gesellschaft(en).

Jeder gegen jeden?

Die Bedeutung der Konkurrenz für unsere soziale Evolution wurde oft mißverstanden. In diesem Zusammenhang wurden mitunter recht abenteuerliche Ideen geboren, so vor allem die Vorstellung vom Kampf «Jeder gegen jeden». Der englische Philosoph Thomas Hobbes (1588–1679) vertrat die Auffassung, daß sich im Naturzustand jeder (Mensch) gegen jeden (Menschen) im Krieg befunden habe und der Mensch des Menschen Wolf sei. Man wird ihm verzeihen, daß er über das soziale Leben der Wölfe wenig wußte. Hat aber jeder *Mensch* ursprünglich mit *allen* seiner Artgenossen Krieg geführt? Nein, gewiß nicht. Hobbes' These ist zurückzuweisen, weil wir heute wissen, daß Kooperation und reziproker Altruismus wichtige Faktoren unserer sozialen Evolution darstellen. Wäre von Anfang an tatsächlich stets *jeder* gegen *jeden* gewesen, dann hätte unsere Gat-

tung sicher nicht bis heute überlebt. Ein Minimum an Kooperation und reziprokem Altruismus muß alle Stufen der sozialen
Evolution der Hominiden begleitet haben. Anders gesagt: Hätten wir uns immer nur gegenseitig die Köpfe eingeschlagen,
dann wären wir heute längst nicht mehr da.

Als ausgesprochen soziales Wesen ist der Mensch auf andere
seiner Artgenossen angewiesen. Er kann viele seiner Ziele nur
mit Hilfe anderer erreichen. Kultur und Zivilisation wären un-
denkbar ohne die Kooperation vieler Menschen. Aber auch
bloß situationsbedingt bilden sich beim Menschen oft spontan
Gemeinschaften, Interessen- oder Notgemeinschaften, die Individuen kurzfristig zusammenschweißen. Beispielsweise sind die
zufällig zusammengewürfelten Insassen eines Reisebusses, die,
aus welchen Gründen auch immer (Entführung, Unfall), in Be-
drängnis geraten, zu oft erstaunlichen kooperativen Leistungen
bereit. Sie werden durch kein soziales Band zusammengehalten,
aber alle finden sich plötzlich in derselben mißlichen Lage. Es
bedarf keiner rationalen Überlegungen, um Kooperation zu
entwickeln. Gleichsam instinktiv schließen sich solche Menschen zusammen, wobei meist auch schnell einer die «Führung»
übernimmt, wenn er zur Bewältigung der Situation probate
Mittel kennt oder zumindest zu kennen scheint. Der (egoistische) Überlebensdrang jedes einzelnen führt automatisch zu kooperativem Verhalten.

Aber der Mensch ist kein friedliches Lamm. Anders wären
die unzähligen Kriege, die er gegen seinesgleichen geführt hat
und führt, völlig unverständlich. Wie jede andere Spezies ist
auch der Mensch mit einem gewissen Aggressionspotential
ausgerüstet. Dieses dient seinem eigenen Überleben und ist Teil
seiner Natur. Bei allen von ihm bekannten – und näher untersuchten – Sozietäten und Völkern kommen, wenn auch in unterschiedlichen Abstufungen, Aggression und Gewalt vor. Das entspricht durchaus der soziobiologischen Erwartung. Die soziale
Evolution des Menschen verlief, wie die aller anderen (sozial lebenden) Arten, stets im Spannungsfeld von Konflikt und Kooperation. Die vor allem in der ersten Hälfte des 20. Jahrhun-
derts häufig vertretene und auch später vereinzelt verteidigte

Auffassung, daß «Naturvölker» keinen Neid, keinen Haß und keine Gewalt kennen und aggressives Verhalten erst unter den Konkurrenzbedingungen der westlichen Industriegesellschaft entwickelt worden sei, ist falsch. Alle Völker dieser Erde sitzen sozusagen auf einem gemeinsamen Stammbaumast und sind mit den Altlasten der Primatenevolution bebürdet.

Zu unserem alten Primatenerbe gehört auf der einen Seite das Dominanzstreben, auf der anderen die Neigung, sich unterzuordnen. Bei entsprechender Lebenslage kann es für ein Individuum vorteilhaft sein, keinen ranghohen Platz in seiner Gruppe anzustreben, sondern sich in diese einzuordnen. Sind die Kosten und Risiken des Dominanzstrebens für den einzelnen hoch, während ihm die Unterordnung unter eine Führerpersönlichkeit oder Führungsschicht eine relativ bequeme Existenz sichert, dann wird er mit hoher Wahrscheinlichkeit die zweite Alternative wählen. Beide Seiten unseres Primatenerbes können sich insbesondere unter den Bedingungen unserer Zivilisation – Geschichte und Gegenwart liefern dafür nur zu viele Beispiele – fatal auswirken. Führer können ihre Machtpositionen mißbrauchen und ihre Untertanen in den Krieg (gegen wirkliche oder erfundene) Feinde schicken. Das gelingt ihnen in der Regel um so besser, je stärker sich ihre Untertanen mit ihren Zielen «identifizieren». Das Gefühl, Teil einer stabilen Gruppe mit einem verläßlichen Führer zu sein, verstärkt bei vielen Menschen die Bereitschaft, gegen «Gruppenfremde» aggressiv aufzutreten und diese zu bekämpfen. Geschichte und Gegenwart liefern uns dafür viele – erschreckende – Beispiele. *Fremdenfeindlichkeit* ist ein Beispiel für die Neigung des Menschen, seine eigene Gruppe bei gleichzeitiger Ausgrenzung aller «anderen» zu unterstützen. Demagogen und «Volksverhetzer» wußten immer, wie sie sich diese Neigung zunutze machen können. Die Folgen davon waren – und sind – fatal.

Terroristen, «gewöhnliche» Verbrecher und Trittbrettfahrer

Eine große Herausforderung für die Soziobiologie sind individuelle Verhaltensweisen, die der Neigung zur Sicherung der eigenen reproduktiven Eignung zunächst ganz offensichtlich wi-dersprechen. Die Terroristen, die am 11. September 2001 die Anschläge in den USA verübt und dabei bewußt ihr eigenes Leben geopfert haben, handelten biologisch kontraproduktiv. Sie erreichten zwar ihr Ziel, die beiden Türme des World Trade Center in New York zu zerstören, viele Menschen in den Tod zu reißen und damit weltweit größte Aufmerksamkeit zu erregen – da sie aber bei dieser Aktion selbst ums Leben kamen, hatten sie selbst davon nichts. So sieht es auf den ersten Blick aus. Hier geht es nicht darum, politische Motive zu analysieren, sondern einzig um die aus soziobiologischer Perspektive bemerkenswerte Tatsache, daß Menschen andere töten *und* dabei oft selbst freiwillig ihr Leben opfern. Im Nahen Osten gehören Selbstmordattentate leider bereits zum (traurigen) Alltag.

Es bedarf keiner besonderen Erwähnung, daß Selbstmordattentäter unter den Menschen die absolute Ausnahme darstellen. (In der Tierwelt gibt es nichts Vergleichbares.) Ihre Ausbreitung in einer Population würde die natürliche Auslese nicht belohnen. Sie sind eine große Herausforderung an soziobiologische Erklärungsmodelle. Aber vielleicht ist auch hier das Konzept der inklusiven Eignung (S. 48) nützlich. Selbstmordkommandos artikulieren die Anliegen ihrer Gruppe und wollen zur Verbesserung der Situation ihrer (überlebenden) Gruppengenossen beitragen. Inwieweit das in der Praxis gelingt, sei dahingestellt. Wenn seine Gruppe nach dem Attentat aber tatsächlich prosperiert, dann hat auch der Selbstmordattentäter indirekt seine eigenen Gene sozusagen gerettet. Seine Wahnsinnstat war dann nicht ohne jeden biologischen Nutzen. Manchem mag dieser Erklärungsansatz als zu weit hergeholt erscheinen. Dann aber fragt sich, welche Erklärung uns sonst bleibt. Sozialwissenschaftler erklären Terroranschläge aus der unmittelbaren politischen Situation und den sozialen und wirtschaftlichen

Rahmenbedingungen einer Gruppe. Damit liefern sie zwar *proximate* (nächstliegende) Erklärungen, geben aber keine Antwort auf die Frage, warum Menschen grundsätzlich und überhaupt – wenn auch statistisch selten – Terroranschläge zu verüben bereit sind. Die Soziobiologie liefert die *ultimate* Erklärung: Indem sie in der Tiefe unserer Natur verwurzelte Verhaltensantriebe offenlegt, zeigt sie sozusagen die Letztursachen für ein Verhalten auf, mag dieses auch noch so abscheulich sein. Es sollte sich erübrigen zu betonen, daß die Soziobiologie unser Verhalten und Handeln prinzipiell nicht (im moralischen Sinn) *rechtfertigt*, sondern bloß beschreibt und erklärt. Die wiederholt geäußerte Kritik, Soziobiologen würden bestimmte politische Zustände legitimieren (ein häufiger Vorwurf war und ist, die Soziobiologie sei geeignet, rechte Ideologien zu unterstützen), ist völlig unbegründet.

Während die Terroranschläge vom 11. September 2001 ein in seiner Art einmaliges Ereignis sind, ist das *Verbrechen* in einem allgemeinen Sinn, also das «gewöhnliche» Verbrechen, weit verbreitet. Warum wird ein Mensch zum Verbrecher? Auch darauf gibt es in den Sozialwissenschaften und anderen humanwissenschaftlichen Disziplinen – vor allem Psychologie – verschiedene Antworten (zerrüttete Familienverhältnisse, wirtschaftliche Not, soziale Ausgrenzung und so weiter). Wie aber kommt es, daß Menschen überhaupt Verbrechen begehen? Abermals kann nur eine profunde Kenntnis der menschlichen Natur zu einer umfassenden Antwort führen. Menschen sind keine Engel – soviel sollte klar sein. Sie vertreten ihre Eigeninteressen und geraten fortgesetzt mit Artgenossen in Konflikt. Dabei interessieren hier weniger Delikte wie Fahrraddiebstahl, Urkundenfälschung, Sachbeschädigung oder nächtliche Ruhestörung, die erst in der jüngsten – evolutionsgeschichtlich vernachlässigbaren – Etappe der Entwicklung unserer Spezies auftreten und nur vor dem Hintergrund abstrakter Rechtssysteme als «Delikte» erkennbar sind. Viel interessanter ist das Phänomen des *Tötens* von Artgenossen. Wie wir gesehen haben, ist dieses Phänomen in der Tierwelt durchaus verbreitet. Es ist aber – worüber uns heute die Massenmedien nicht im Zweifel lassen – beim Menschen ebenso verbreitet. Nur beispielhaft sei an dieser Stelle die Kindestötung erwähnt. Eine britische Studie ergab, daß die Zahl der von Stiefvätern getöteten Babys ungleich größer ist als die der Säuglinge, die von ihren leiblichen Vätern getötet werden. Christian Vogel meint, daß Stiefeltern in jedem Fall der Tötung von nicht verwandten Kindern Investitionen vermeiden, die sie an der eigenen erfolgreichen Fortpflanzung hindern könnten:

> «In allen Fällen von Kindestötung, wo es nachweislich für den Täter um die Steigerung des eigenen Reproduktionserfolgs geht, ist der Tod des Opfers nicht einfach eine zufällige Begleiterscheinung von Verletzungen: vielmehr kann das Ziel der Aktion überhaupt nur durch den Tod bzw. das ‹endgültige Verschwinden› des Opfers erreicht werden. Es handelt sich also um eine direkt auf den Tod des kindlichen Artgenossen abzielende Aktion.» (*Vom Töten zum Mord*, S. 96)

Das erinnert an Löwen, Languren und die zahlreichen anderen Spezies, bei denen Kindestötung beobachtet werden kann. Aber der Mensch ist doch kein Langure! Ein solcher Einwand – der oft einem Aufschrei gleichkommt – ist allerdings irrelevant. Wie alle anderen Arten versucht auch der Mensch bloß, seine reproduktiven Interessen durchzusetzen. Kraft seines Bewußtseins aber unterscheidet er zwischen Gut und Böse und hat Moral- und Rechtssysteme entwickelt, die (nicht bei allen Kulturen!) die Kindestötung als verwerflich erscheinen lassen. Erst auf der Stufe des modernen Menschen wird also das Töten zum *Mord*. Seine stammesgeschichtlich erworbene Neigung, Artgenossen – keineswegs nur Kinder – zu beseitigen, konnte jedoch kein Moral- oder Rechtssystem völlig «ausschalten». Selbst drakonische Strafen (Todesstrafe) halten entschlossene Mörder nicht von ihrer Tat ab.

Bleiben noch die Trittbrettfahrer. Die sind natürlich harmloser als die Mörder, und dem bereits Gesagten (S. 49 ff.) muß hier nicht viel hinzugefügt werden. Außer, daß die anonymen Massengesellschaften des heutigen Menschen einem Trittbrettfahrer viel bessere Bedingungen bieten als die traditionellen Kleingruppen. Ein in einer solchen Gruppe als Trittbrettfahrer

enttarntes Individuum muß unter Umständen Schlimmes be-
fürchten – er wird zum sprichwörtlichen fünften Rad am Wagen
und kommt damit in keine angenehme Situation. Der Schwarzfahrer, der in einem öffentlichen Verkehrsmittel einer Großstadt
vom Kontrolleur als solcher ertappt wird, schleicht sich – nachdem er seine Strafe bezahlt hat – einfach davon. Weder der Kontrolleur noch die anderen Fahrgäste merken sich sein Gesicht;
kein soziales Band verbindet sie mit ihm (und umgekehrt). Sein
Delikt zieht keinerlei soziale Konsequenzen nach sich.

Gene und Kulturen

Zu den faszinierendsten und zugleich schwierigsten Problemen
der Soziobiologie zählt die Frage, wie genetische Dispositionen
und kulturelle Aktivitäten, Gene und Kulturen, zusammenwir-
ken. In der abendländischen Denktradition ist die Annahme,
daß Natur und Kultur Gegensätze darstellen oder daß Kultur
jedenfalls etwas «ganz anderes» als Natur sei, tief verwurzelt.
Nimmt man jedoch die Tatsache ernst, daß der Mensch ein Resultat der Evolution durch natürliche Auslese ist, dann ist diese
Annahme völlig falsch. Jede kulturelle Leistung hängt letztlich
von einem funktionierenden Gehirn ab, und dieses ist, wie alle
anderen Organe, in der Evolution entstanden. Der Mensch
kann also immer nur soviel Kultur produzieren, wie ihm seine
Natur erlaubt. Zwischen seiner Natur und seiner Kultur kann
keine scharfe Grenze gezogen werden. Vielmehr bestehen zwischen seiner biologischen und seiner kulturellen Evolution enge
Wechselwirkungen (Abb. 12).

Spricht man von Kultur, muß man sich stets die vielen *Kultu-*
ren vergegenwärtigen, die sich in zahlreichen Merkmalen (Sit-
ten, Rituale, Kleidung, Moral- und Rechtsvorstellungen, Eß- und
Trinkgewohnheiten und so weiter) voneinander unterscheiden.
Interessant sind aber die *allen* Kulturen gemeinsamen Merkmale. Jede Kultur ist durch eine Sprache charakterisiert, bei allen Kulturen finden wir Vorstellungen von Gut und Böse, Ideen
über den Anfang und das Ende der Welt, Werkzeug- und Gerä-
tebau, Musik, Spiele und anderes. Wie auch immer diese Ele-

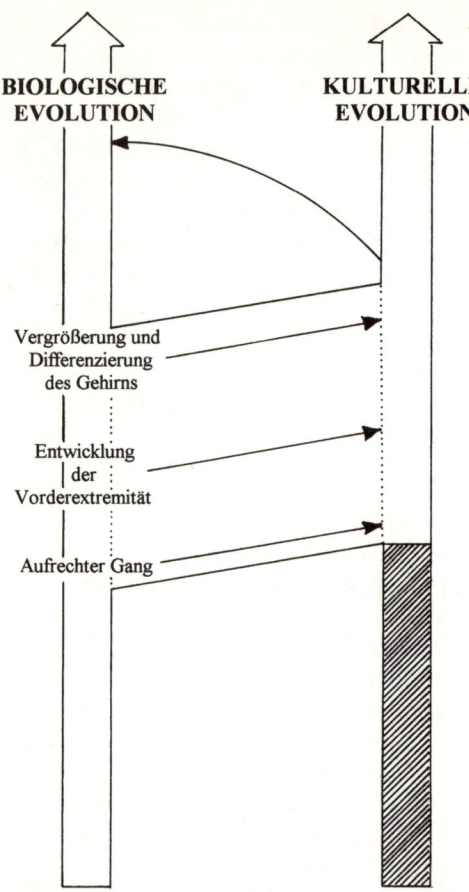

Abb. 12: Zusammenhänge zwischen biologischer
und kultureller Evolution beim Menschen. Die wichtigsten
biologischen Voraussetzungen der Kulturentwicklung waren
der Erwerb des aufrechten Ganges, die damit verbundene Befreiung
der Vorderextremitäten von der Fortbewegung (Entwicklung der Hände)
und die (relativ schnelle) Vergrößerung und Differenzierung des Gehirns.
Die kulturelle Evolution des Menschen baut darüber hinaus auf
Fähigkeiten auf, die auch bei anderen Arten ausgeprägt sind
(angedeutet durch die schraffierte Fläche),
beispielsweise Lernen und Imitation.

mente von Kultur in den einzelnen Kulturen ausgeprägt sind –
sie machen deutlich, daß Kultur sozusagen eine strukturelle
Einheit darstellt und auf eine biologische Basis zurückgeführt
werden kann.

Jede menschliche Kultur beruht auf der Fähigkeit zur *Imitation*. Aus der Sicht der Soziobiologie liegt die Vermutung
nahe, daß auch Kultur(en) in Begriffen der Konkurrenz und reproduktiven Eignung beschrieben werden kann (können).
Schließlich werden immer erfolgreiche Individuen und Strategien imitiert. Umgekehrt gilt: «Nur die Gene der erfolgreichen
Individuen kommen eine Runde weiter im unendlichen Evo-
lutionsspiel, und wer Erfolgreiche nachahmt, verbessert ohne
Frage seine/ihre Chancen» (Eckart Voland, *Grundriß der Soziobiologie*, S. 25). In der Tat gibt es keine «Kultur der Er-
folglosigkeit». Niemand imitiert einen Maler, dessen Bilder nie
verkauft werden, einen Architekten, nach dessen Plänen kein
Bauwerk errichtet wird, einen Baumeister, dessen Häuser nach
ihrer Fertigstellung immer einstürzen, oder einen Winzer, dessen
Weine keiner trinkt. Die weiträumig verbreitete Imitation des
Erfolglosen würde zum Zusammenbruch jeder Kultur führen.
Die Erfolglosen dienen daher nur als abschreckende Beispiele.
(Einzelne Pannen können freilich ab und an passieren, und
manche Strategie kann sich erst im nachhinein als erfolglos her-
ausstellen.)

Wie eng die Kultur an unsere Natur gebunden ist und in wel-
cher Weise sie die reproduktive Eignung ihrer «Träger» unterstützt, läßt sich anhand vieler Beispiele zeigen. Mode und
Kosmetik helfen, die sexuelle Attraktivität zu erhöhen. Sie sind
Signale, die reproduktive Eignung anzeigen sollen, auch wenn
das ihren Benutzern in der Regel gar nicht bewußt ist. Makeup,
Lippenstift, eng anliegende Hosen, Bikinis, Stöckelschuhe und
viele andere Produkte unserer Kultur demonstrieren den Erfin-
dungsreichtum der kulturellen Evolution im Dienste der Part-
nerfindung. Umgekehrt bedient sich die Kultur des Fortpflan-
zungstriebes, um ihre Erzeugnisse zu vermarkten, auch wenn
diese in keinem direkten Zusammenhang mit der Reproduktion
stehen. Die einschlägige Werbung tut alles mögliche dazu. Sie

läßt beispielsweise eine attraktive, leicht beschürzte Frau auf einem Motorrad sitzen, um auf dessen Leistungsfähigkeit hinzuweisen. Es läßt sich also zeigen, daß Kultur in ihren unterschiedlichen Ausformungen durchaus eine biologische Funktion erfüllt.

Auch die Regelung der menschlichen Fortpflanzungssysteme beziehungsweise partnerschaftlichen Beziehungen (Eheformen) steht keineswegs im Widerspruch zur Natur. So kommt es nicht überraschend, daß die Monogamie die seltenste Form der Beziehung der Geschlechter zueinander darstellt. Von den über 800 bekannten und untersuchten Kulturen (Gesellschaften) des Menschen sind lediglich 16 Prozent vom Gesetz her monogam, 83 Prozent erlauben die Polygynie, und das restliche Prozent entfällt auf Kulturen mit Polyandrie (S. 39). Darwins Vermutung, der Mensch neige von Natur aus zur Vielweiberei, können wir also auf ein durchaus solides empirisches Fundament stellen. Denn selbst die vom Gesetz her geregelte monogame Bindung der Geschlechter bedeutet keineswegs, daß beide Partner in jedem Fall ständig die sexuelle Treue halten oder ein Leben lang nur den einen Geschlechtspartner bzw. die eine Geschlechtspartnerin haben oder hatten. Daher erlaubt das Gesetz auch die Scheidung und die (sexuelle) Bindung an einen neuen Partner/eine neue Partnerin. Ist aber die Polygamie die «natürliche» Eheform beim Menschen, dann stellt sich allerdings die Frage, warum sich überhaupt monogame Beziehungen entwickelt haben. Die Antwort, daß unsere Ideale von Liebe und Treue mit unseren genetischen Neigungen nicht übereinstimmen müssen, reicht hier nicht aus. Daher ist es interessant zu sehen, in welchen Gesellschaftsformen und unter welchen äußeren Bedingungen Monogamie vorkommt.

Sie kommt erstens in Kleingesellschaften (bei Gartenbauern, Jägern und Sammlern) vor und zweitens in Staaten mit komplexen sozialen Strukturen und Wirtschaftssystemen. Im ersten Fall wird sie ökologisch erzwungen: Die Ressourcen sind knapp und Besitz läßt sich nicht anhäufen und weitergeben, so daß der optimale Haushalt aus einem Menschenpaar mit seinem Nachwuchs besteht. Im zweiten Fall liegen ökonomische *und* ideologische Gründe vor: Staatliche Regierungen fürchten die Vielehe, weil die daraus hervorgehenden Clans politisch nicht so leicht unter Kontrolle zu halten sind wie eine große Ansammlung von Kleinfamilien. Außerdem kann angehäufter Besitz in monogamen Systemen linear weitergegeben werden, während in polygamen Beziehungen die Besitzverhältnisse recht kompliziert sind.

Im Zusammenhang mit der Regelung des reproduktiven Verhaltens ist nicht zuletzt auch das *Inzestverbot* von Interesse. Inzest (Inzucht) wird von der Mehrzahl der Menschen nicht praktiziert. Sexuelle Beziehungen zwischen Mutter und Sohn, Vater und Tochter, Bruder und Schwester sind in den meisten Gesellschaften auch verboten und stellen einen strafrechtlich relevanten Tatbestand dar («Blutschande»). (Ausnahmen bilden Inzest-Ehen der altägyptischen Pharaonen und Inka-Herrscher.) Die kulturgeschichtliche Interpretation des Inzestverbots beruht auf der Annahme, daß Inzucht die Grundstrukturen einer Gesellschaft bedrohe und deshalb verboten werden müsse. Diese proximate Erklärung (S. 91) greift allerdings zu kurz. Das Verbot inzestuöser Bindungen und deren Kriminalisierung hat viel tiefere, biologische Wurzeln. Die liegen in einer natürlichen, biologisch verankerten *Inzestscheu*. Das kulturell etablierte Inzestverbot muß aus dieser hervorgegangen sein. Die eigentlichen Gründe für die sexuelle Meidung von engen Verwandten liegen in der Gefahr der Degeneration und verminderten Eignung der aus Inzucht hervorgegangenen Individuen. Daher hat die Selektion eine sexuelle Abneigung gegen enge Verwandte gefördert. Enge Vertrautheit von Kindheit an errichtet üblicherweise eine Schranke gegen sexuelle Begegnungen. Bei Personen, die miteinander aufwachsen, entwickelt sich in der Regel etwa mit dem sechsten Lebensjahr sozusagen automatisch sexuelles Desinteresse beziehungsweise sexuelle Meidung. Das Inzestverbot ist also eine kulturelle Regel, die einer «evolutionären Logik» folgt und genetische Dispositionen verstärkt.

Insgesamt muß hier folgendes gesagt werden: Soziobiologen vertreten nicht die naive Auffassung, daß für jedes kulturelle Merkmal ein bestimmtes Gen verantwortlich sei (ein Gen für

Musik, ein anderes für Werkzeugherstellung, wieder ein anderes für religiöse Gefühle und so weiter), gehen aber mit Recht davon aus, daß auch kulturelle beziehungsweise soziale Aktivitäten und Leistungen von genetischen Dispositionen abhängen, die im Laufe der Evolution unserer Gattung als erfolgreich herausselektiert wurden. Folgenden «moralischen Regeln» kann daher *kein* Erfolg beschieden sein:

- «Bevorzuge keinen Menschen (auch nicht die eigenen Verwandten und enge Freunde), sondern stehe zu allen Menschen gleich gut!»
- «Leiste stets Hilfe, ohne irgendeine Gegenleistung zu erwarten!»
- «Sei stets bereit, deine Interessen den Interessen der Gemeinschaft (Staat, Kirche und so weiter) unterzuordnen!»
- «Strebe nicht nach Lustgewinn, sondern halte dich an ‹ewige Werte›!»

Weitere solcher «Regeln» ließen sich anführen. Sie sind in der Tat Imperative bestimmter Moralsysteme beziehungsweise Ideologien, die an der menschlichen Natur vorbeigehen und daher stets zum Scheitern verurteilt sind.

Moral und Doppelmoral

Auch Moral beziehungsweise moralisches Verhalten entstand nicht im luftleeren Raum, sondern ist eine Folge unserer Stammesgeschichte. Tabelle 6 gibt einige Beispiele für Normen, die sich mit unseren in der Stammesgeschichte entstandenen Neigungen gut in Einklang bringen lassen beziehungsweise als deren Folgen betrachtet werden können. Man kann Moral funktional definieren, als die Summe aller Regeln und Normen, die die Stabilität einer bestimmten Gruppe mit einiger Wahrscheinlichkeit garantieren. So ist es gewiß kein Zufall, daß zum Beispiel die Nachbarschaftshilfe im allgemeinen als moralisches Prinzip gilt. Dieses Prinzip folgt jenem uralten «Gebot», das von den Mitgliedern einer Gruppe kooperatives Verhalten verlangt.

Tab.6: Einige stammesgeschichtliche Neigungen
und daraus abgeleitete moralische (und rechtliche) Normen

Sicherung der Fortpflanzung	Säuglingsbetreuung, Kinderfürsorge, staatliche Kinderbeihilfe
Sicherung von Ressourcen	Nahrungstausch, Nahrungslieferungen
Schlafbedarf	Verbot nächtlicher Ruhestörung
Wir-Gefühl	Solidarität mit der eigenen Gruppe (dem eigenen Volk oder Staat); Nachbarschaftshilfe
Sicherheitsbedürfnis	Polizeischutz; Schutz der Privatsphäre usw.
Verwandtschaftsselektion	Erbrecht (Pflichtanteil für enge Verwandte)
Emotionen, Affekte	Beispiel: Mord im Affekt ist nicht so schwerwiegend wie geplanter Mord
Schamgefühl	Unantastbarkeit der Menschenwürde

Die Grundmuster unseres moralischen Verhaltens haben sich in jener langen Zeit, in der wir in Kleingruppen lebten, herausgebildet. Unsere Moral ist daher in der Hauptsache eine «Kleingruppenmoral». Daran konnte auch unsere Zivilisation grundsätzlich nichts ändern. Unter den Bedingungen der Zivilisation erweist sich Moral allerdings vielfach als *Doppelmoral*. Während der sprichwörtliche kleine Eierdieb mitunter drakonisch bestraft wird (in manchen Gesellschaften wird ihm die Hand abgehackt!) und das Stigma des Verbrechers mit sich tragen muß, kommt der Manager, der einen Konzern in den Bankrott getrieben hat, oft mit einem blauen Auge davon – und kassiert womöglich noch eine hohe Abfindung. Jemand, der einen anderen Menschen tötet, ist ein Mörder oder Totschläger und wird dementsprechend bestraft (in vielen Ländern mit der Todesstrafe), während ein anderer, der etwa im Rahmen einer militärischen Säuberungsaktion Hunderte von Menschen liquidiert, als Held gefeiert wird. Wir neigen also dazu, Taten und Handlungen mit ungleichen Maßstäben zu bemessen.

Das biblische Gebot «Du sollst nicht töten» bedeutete ursprünglich kein allgemeines Tötungsverbot, sondern – in der richtigen Lesart – bloß das Verbot, einen Angehörigen des eigenen Volkes zu töten. Liest man im Alten Testament nach, dann findet man Stellen, die das Töten anderer Menschen gebieten – Menschen, die anderen, «fremden» Völkern angehören.

Das *Wir-Gefühl* und die Überhöhung der eigenen Gruppe (des eigenen Volkes) bei gleichzeitiger Diskriminierung anderer Gruppen (und Völker) sind in allen Kulturen anzutreffen. Ihre Universalität spricht für eine breite biologische Basis. Für die Stabilität einer Gruppe ist das Wir-Gefühl, das Zusammengehörigkeitsgefühl ihrer Mitglieder, sehr wichtig. Je fester aber die Individuen einer Sozietät zusammengeschweißt sind, um so größer ist die Neigung zur Diskriminierung anderer. Diese Neigung kann sich, wie uns Geschichte und Gegenwart zeigen, unter gegebenen Umständen zu blindem Haß gegen alle, die «nicht dazugehören», steigern und verheerende Konsequenzen nach sich ziehen.

Doppelmoral zeigt sich daher auch überall dort, wo ein Staat gegen Verbrecher die Todesstrafe verhängt, selbst aber, «nach außen», große Verbrechen gegen Menschen begeht. Dabei kommt ein Prinzip zur Anwendung, das sich etwa wie folgt beschreiben läßt: «Bei *uns* herrschen Recht und Ordnung, jeder, der dagegen verstößt, wird entsprechend bestraft. *Wir* sind nicht so primitiv wie die anderen, die wir daher so lang bekämpfen müssen, bis sie entweder ausgerottet sind oder *unser* Entwicklungsniveau erreicht haben.» Dieses Prinzip ist äußerst gefährlich und hat schon viel Unheil gestiftet.

Aus der Haut, die wir in unserer Stammesgeschichte erworben haben, können wir uns nicht einfach herausschälen. Bleibt die Frage, wie wir mit ihr leben und einige unserer kulturell erworbenen Ideale dennoch verwirklichen können. Diese Frage wird immer dringlicher, sie kann aber an dieser Stelle nicht beantwortet werden. Die Leserinnen und Leser dieses Buches sind eingeladen, darüber nachzudenken.

Zusammenfassung und Ausblick

Die Soziobiologie liefert plausible Erklärungen für verschiedene Phänomene im Leben der sozial organisierten Arten. Sie steht fest auf dem Boden der Theorie der Evolution durch natürliche Auslese und erklärt das Verhalten der sozialen Lebewesen auf genetischer Grundlage. Sozialität hat sich in der Evolution sehr vieler Spezies in unterschiedlichen Graden entwickelt und kommt in verschiedenen Formen der Gruppenbildung zum Ausdruck. Die Individuen der betreffenden Arten ziehen aus dem Leben in der Gruppe reproduktiven Nutzen. Die Gruppe dient ihrem individuellen genetischen Überleben. Kooperatives und altruistisches Verhalten von Mitgliedern einer Gruppe folgen also nur dem Prinzip Eigennutz. Egoismus und Altruismus sind keine Widersprüche, sondern bloß zwei Seiten der gleichen Münze.

Auf der Basis soziobiologischer Theorien und Modelle lassen sich auch manche «rätselhafte» Phänomene recht gut erklären. Das Töten von Artgenossen ist nur ein – wenn auch zentrales – Beispiel dafür. Wenn im Leben jedes Tieres (und Menschen) das eigene Fortpflanzungsinteresse im Vordergrund steht, dann ist die Beseitigung anderer Individuen mit gleichem Interesse oft die unausweichliche Konsequenz. Das Konzept der inklusiven Fitness oder Gesamteignung macht wiederum die Existenz steriler Kasten oder die «Ehelosigkeit» einzelner Individuen in Gruppen plausibel. Dieses Konzept liefert sogar Erklärungsansätze für aggressives Verhalten von Individuen gegen andere unter bewußter Inkaufnahme der Selbsttötung (Selbstmordkommandos beim Menschen). Entscheidend ist, daß die Soziobiologie, im Gegensatz zur traditionellen Verhaltensforschung, nicht das Artinteresse, sondern das individuelle Überlebensinteresse als Hauptantrieb jedes Verhaltens herausstellt. Damit werden die Leistungen der klassischen Ethologie zwar

keineswegs geschmälert, aber um wichtige Ergebnisse berei-
chert, die zu einem Paradigmenwechsel in den Verhaltenswis-
senschaften geführt haben.

Die Aussagen der Soziobiologie sind im wesentlichen Wahrscheinlichkeitsaussagen. Das heißt, Soziobiologen behaupten
nicht, daß sich ein Lebewesen stets exakt nach einem bestimmten Muster verhalten muß, sondern daß es sich unter gegebenen
Randbedingungen *wahrscheinlich* so oder so verhalten wird.
Diese Tatsache wird von vielen ihrer Kritiker ignoriert oder zu
wenig berücksichtigt. Daß sein Fortpflanzungsinteresse im
Mittelpunkt des Lebens jedes individuellen Organismus steht,
läßt sich noch relativ leicht plausibel machen. Auf den ersten
Blick weniger plausibel erscheinen manche der Strategien, die
sich bei einzelnen Arten im Dienste dieses Interesses entwik-
kelt haben. Viele Arten betreiben Brutpflege und/oder -für-
sorge, andere nicht; bei den meisten Arten kümmern sich die
Weibchen um den Nachwuchs, bei einigen Arten auch die
Männchen und bei wenigen Spezies nur diese; Individuen der
meisten Arten leben polygam, bei manchen Arten aber ist die
Monogamie das vorherrschende Fortpflanzungssystem; viele
Arten haben eine relativ hohe, andere eine relativ niedrige Fort-
pflanzungsrate. Selbst Individuen derselben Art können ihr Verhaltensmuster variieren. Was auf den ersten Blick etwas verwir-
rend erscheinen mag, erweist sich bei näherer Hinsicht stets als
Teil einer «evolutionären Logik». Die Strategie jeder Spezies ist
eine spezifische Antwort auf die immer gleiche Herausforderung: genetisches Überleben. Dafür gibt es in der Natur kein
Patentrezept, sondern viele verschiedene Lösungen, die man nur
versteht, wenn man sich die sehr unterschiedlichen «Lebens-
situationen» einzelner Arten vor Augen führt.

Genetisches Überleben kann bei manchen Spezies durch die
Produktion vieler, unzähliger Nachkommen gewährleistet werden, bei anderen Arten durch die Zeugung nur weniger Jungen,
die dann eine relativ optimale Betreuung erfahren. Daraus erklärt sich das unserer gewöhnlichen Erwartung entsprechende
Phänomen der fürsorglichen Mütter, die unter Einsatz ihres Lebens das Leben ihrer Kinder retten, aber auch das Verhalten je-

ner Mütter, die tatenlos zuschauen, wenn ihre Babys getötet werden, oder die diese gar selbst töten. Letzteres entspricht unserer – von Emotionen geleiteten – Erwartung zwar viel weniger, geht aber mit der soziobiologischen Erwartung völlig konform.

Von den vielen Mißverständnissen, die sich noch immer um die Soziobiologie ranken, möchte ich hier abschließend nur drei herausgreifen. Das erste Mißverständnis ist, Soziobiologen würden – vor allem mit ihrem Konzept der egoistischen Gene – einen «biologischen Fatalismus» und damit ein sehr düsteres (und politisch gefährliches) Menschenbild propagieren. Demnach wäre der Mensch, wie alle anderen Lebewesen auch, seinen Genen vollständig ausgeliefert. Wenn die ihm zu töten und zu morden gebieten, könnte er gar nicht anders, als ihrem «Gebot» Folge zu leisten. Da ist es dann geradezu beruhigend zu wissen, daß Mörder und Totschläger in jeder menschlichen Population statistisch eigentlich recht selten sind. Gibt es also doch weniger «böse» als «gute» Gene? Diese Frage ist sinnlos. Gene sind weder gut noch böse, sondern bloß Träger der jeder Art eigenen Erbinformation, die sich ihrerseits in der Evolution durch natürliche Auslese «angesammelt» hat. Kein Soziobiologe hat jemals ernsthaft behauptet, daß Gene so etwas sind wie bösartige kleine Homunkuli, die jeden Menschen fest im Griff haben. Die Evolution ist grundsätzlich kein deterministischer Prozeß, der jeder Art und jedem Individuum ihr Schicksal vorschreibt. Sie ist vielmehr ein «offener» Vorgang, in dem der Zufall eine bedeutende Rolle spielt und dessen jeweilige Resultate nicht vorherbestimmt sind. Die Soziobiologie enthält *nicht* die Annahme, daß das Schicksal des Menschen als Gattung genetisch besiegelt sei und das Individuum keine Möglichkeiten habe, sein eigenes Leben zu gestalten.

Das zweite Mißverständnis ist mit dem ersten verbunden. Es beruht auf der Unterstellung, Soziobiologen würden behaupten, aus der Theorie vom egoistischen Gen «alles» erklären zu können, das heißt auch jedes einzelne Verhaltensmerkmal eines individuellen Menschen. Zwar versuchen die Vertreter jeder wissenschaftlichen Theorie diese auf einen großen Bereich auszudehnen und möglichst viele Einzelphänomene mit ihr zu erklären, und Soziobiologen stellen dabei keine Ausnahme dar. Es wäre allerdings töricht zu glauben, daß die Soziobiologie beispielsweise die Vorliebe einer Frau für blaue Kostüme oder die Abneigung eines Mannes gegen grüne Socken (genetisch) erklären könne oder wolle. Solche individuellen Vorlieben und Abneigungen können viele Ursachen haben, die aus der persönlichen Biographie von Menschen (aus bestimmten Erlebnissen, Assoziationen und so weiter) verständlich sind. Die Aussagen der Soziobiologie sind, wie bereits bemerkt wurde, Wahrscheinlichkeitsaussagen. So ist im Rahmen des Konzepts der Verwandtschaftsselektion Altruismus um so wahrscheinlicher, je enger «Altruist» und Nutznießer miteinander verwandt sind. Das Konzept schließt aber nicht aus, daß sich ab und an jemand gegen einen ihm fremden Menschen «altruistischer» verhält als etwa gegen die eigene Schwester.

Das dritte Mißverständnis besteht darin, was in der Moralphilosophie als *naturalistischer Fehlschluß* bezeichnet wird: das Schließen von Tatsachen (beziehungsweise Beschreibungen und Erklärungen von Tatsachen) auf ein moralisches Sollen. Die Soziobiologie wird immer wieder mit diesem Fehlschluß in Verbindung gebracht. Es muß daher betont werden, daß soziobiologische Aussagen keine wertenden Aussagen sind. Wenn beispielsweise festgestellt wird, daß die Polygamie (S. 96) beim Menschen die häufigste Eheform ist, dann folgt daraus nicht, daß ihr auch aus moralischen Gründen Priorität zukommt und daß die Monogamie moralisch falsch sei. Ebensowenig erlaubt etwa die Beobachtung von Kindestötung (S. 92) bei bestimmten Populationen des Menschen moralische Schlußfolgerungen. Die bloße Tatsache, daß Kindestötung praktiziert wird, bedeutet nicht, daß sie (aus moralischen Gründen) praktiziert werden *soll* oder *nicht* praktiziert werden *darf*. Es ist also sehr wichtig, Aussagen der Soziobiologie von moralischen Urteilen strikt zu unterscheiden.

Allerdings liefert die Soziobiologie wichtige Ansätze zur Beantwortung der Frage, wie Moral beim Menschen überhaupt entstanden ist. Moral und Unmoral – Gut und Böse – sind zwar Erfindungen des Menschen, die ihnen zugrundeliegenden Verhaltensweisen sind jedoch tief in der Stammesgeschichte unserer Gattung verwurzelt. Die Soziobiologie leistet also wichtige Beiträge zur Beantwortung einiger Grundfragen der Moralphilosophie oder Ethik: Warum handeln Menschen manchmal moralisch richtig, manchmal moralisch falsch? Wie kommt es, daß derselbe Mensch in einer bestimmten Situation moralisch richtig handelt, in einer anderen aber moralisch «entgleist»? Warum schätzen wir bestimmte Formen menschlichen Verhaltens und Handelns als moralisch gut, während wir andere als moralisch verwerflich betrachten? Sind unserer «Moralfähigkeit» (biologische) Grenzen gesetzt? Antworten auf diese und noch weitere Fragen sind für ein Verständnis des Zusammenlebens von Menschen sehr wichtig. Die soziobiologischen Beiträge zu diesen Antworten werden – diese Prognose sei gewagt – in Zukunft immer wichtiger sein. Schließlich geht es dabei um nicht weniger als um die Möglichkeit einer Antwort auf die Frage, warum Menschen so sind, wie sie eben sind! Natürlich kann die Soziobiologie diese Frage nicht allein beantworten, sondern nur in interdisziplinärem Austausch mit anderen Disziplinen, beispielsweise Hirnforschung und Psychologie. Kooperation ist also auch hier angesagt.

Selbstverständlich steht die Soziobiologie aber auch noch vor vielen anderen Aufgaben. So ist über das Verhalten vieler sozial lebender Arten noch relativ wenig bekannt. Wenig untersucht ist bisher zum Beispiel das Brutpflegeverhalten bei Reptilien. Vor einigen Jahren hat ein Fossilfund Aufmerksamkeit erregt, weil er den Schluß erlaubt, daß Brutpflege auch bei einigen Dinosauriern auftrat. Die Rekonstruktion sozialer Verhaltensweisen bei fossilen Lebewesen gestaltet sich naturgemäß sehr schwierig. Aber sie ist eine spannende Aufgabe, und sicher wird die künftige Forschung hier noch viele Einzelheiten ans Tageslicht bringen. Die Soziobiologie ist eine noch recht junge Disziplin. Selbst die Sozialstrukturen unserer nächsten Verwandten (Schimpansen, Gorillas, Orang-Utans) sind erst in den letzten Jahren und Jahrzehnten eingehender beobachtet und unter soziobiologischem Aspekt untersucht worden. Deren Populationen sind unter dem Einfluß des Menschen mittlerweile bereits sehr geschrumpft und mancherorts vom Aussterben bedroht. Die Soziobiologie hilft zu begreifen, wie nahe uns diese Tiere wirklich stehen. Vielleicht lernen wir daraus, daß wir sie besser behandeln sollten als bisher.

Bisher wenig oder überhaupt nicht untersuchte tierische Sozietäten sind eine große Herausforderung für die Soziobiologie. An ihnen werden die soziobiologischen Theorien und Modelle noch genauer zu testen sein. Vielleicht werden wir dann zum Beispiel auch besser verstehen, warum oft selbst eng verwandte Arten völlig unterschiedliche Verhaltensstrategien entwickeln. Als sehr wesentlich wird sich auch weiterhin die Berücksichtigung ökologischer Gesichtspunkte erweisen. Die *Verhaltensökologie* fragt nach der biologischen (evolutiven) Bedeutung von Verhaltensweisen: Wie trägt das Verhalten eines Individuums unter gegebenen (ökologischen) Randbedingungen zur Steigerung seiner genetischen Eignung bei? Man kann die Frage auch folgendermaßen formulieren: Welche individuellen Verhaltensweisen haben eine Aussicht, von der natürlichen Auslese belohnt zu werden?

Die Soziobiologie ist kein abgeschlossenes Gebilde. Ihre Konzepte, die sich schon bisher bei der Erklärung des sozialen Verhaltens als brauchbar erwiesen haben, geben aber den Rahmen für weitere Untersuchungen vor und versprechen noch viele interessante Ergebnisse. Dabei sind empirische Einzeluntersuchungen ebenso wichtig wie theoretische Überlegungen.

Jetzt schon läßt sich sagen: Die Soziobiologie liefert entscheidende Beiträge zu unserem eigenen Selbstverständnis. Grund genug also, ihre Konzepte und Theorien ernst zu nehmen.

Dieses Buch ist eine Einladung, die Soziobiologie ernsthaft zu bedenken, sich mit ihren Konzepten und Theorien auseinanderzusetzen. Trotz der vielen Diskussionen in den letzten Jahrzehnten ist der Blickpunkt der Soziobiologie scheinbar für manchen immer noch befremdend. Vielleicht aber kann dieses Buch dazu beitragen, die Soziobiologie als eine wenig befremdliche Disziplin erscheinen zu lassen, die hilft, den Menschen und andere Lebewesen besser zu verstehen.

Weiterführende Literatur

Einführungen, Lehrbücher, Darstellungen der Kontroversen

Barash, D. P. (1980): Soziobiologie und Verhalten. Parey, Berlin-Hamburg.

Caplan, A. N. (Hrsg.) (1978): The Sociobiology Debate. Readings on the Ethical and Scientific Issues Concerning Sociobiology. Harper & Row, New York–San Francisco–London.

Dawkins, R. (1994): Das egoistische Gen. (2. Aufl.) Spektrum Akademischer Verlag, Heidelberg–Berlin–Oxford.

Meyer, P. (1982): Soziobiologie und Soziologie. Eine Einführung in die biologischen Voraussetzungen sozialen Handelns. Luchterhand, Darmstadt–Neuwied.

Ruse, M. (1979): Sociobiology: Sense or Nonsense? Reidel, Dordrecht–Boston.

Segerstrale, U. (1986): Colleagues in Conflict: An ‹In Vivo› Analysis of the Sociobiology Controversy. *Biology and Philosophy* 1, S. 53–87.

Voland, E. (2000): Grundriß der Soziobiologie. (2. Aufl.) Spektrum Akademischer Verlag, Heidelberg–Berlin.

Wickler, W. und Seibt, U. (1981): Das Prinzip Eigennutz. Ursachen und Konsequenzen des sozialen Verhaltens. Deutscher Taschenbuch Verlag, München.

Wilson, E. O. (1975): Sociobiology. The New Synthesis. Harvard University Press, Cambridge, Mass.–London.

Wuketits, F. M. (1990): Gene, Kultur und Moral. Soziobiologie – Pro und Contra. Wissenschaftliche Buchgesellschaft, Darmstadt.

Wuketits, F. M. (1997): Soziobiologie. Die Macht der Gene und die Evolution sozialen Verhaltens. Spektrum Akademischer Verlag, Heidelberg–Berlin–Oxford.

Auswahl von Einzeldarstellungen

Burda, H. (1996): Eine perfekte Familie im Untergrund. Auf der Suche nach einer Erklärung für die Eusozialität der Nackt- und Graumulle. *Biologie in unserer Zeit* 26, S. 110–115.

Davies, N. B. und Brooke, M. (1996): Die Koevolution des Kuckucks und seiner Wirte. In: König, B. und Linsenmair, K. E. (Hrsg.): Biologische Vielfalt. Spektrum Akademischer Verlag, Heidelberg-Berlin-Oxford, S. 48–55.

Duellmann, W. E. (1996): Fortpflanzungsstrategien von Fröschen. In: König, B. und Linsenmair, K. E. (Hrsg.): Biologische Vielfalt. Spektrum Akademischer Verlag, Heidelberg–Berlin–Oxford, S. 114–122.

Eaton, G. G. (1976): The Social Order of Japanese Macaques. *Scientific American* 235 (4), S. 96–106.

Hendrichs, H., Hendrichs, U. (1971): Dikdik und Elefanten. Ökologie und Soziologie zweier afrikanischer Huftiere. Piper, München.

Hrdy, S. B. (1979): Infanticide Among Animals: A Review, Classification, and Examination of the Implications for the Reproductive Strategies of Females. *Ethology & Sociobiology* 1, S. 13–40.

Kirchner, W. (2001): Die Ameisen. Biologie und Verhalten. Beck, München.

König, B. (1997): Cooperative Care of Young in Mammals. *Naturwissenschaften* 84, S. 95–104.

Pfennig, D. W. (1997): Kinship and Cannibalism. *BioScience* 47, S. 667–675.

Rasa, A. (1988): Die perfekte Familie. Leben und Sozialverhalten der afrikanischen Zwergmungos. Deutscher Taschenbuch Verlag, München.

Sommer, V. (1996): Heilige Egoisten. Die Soziobiologie indischer Tempelaffen. Beck, München.

Waal, F. de (1983): Unsere haarigen Vettern. Neueste Erfahrungen mit Schimpansen. Harnack, München.

Waal, F. de (1993): Wilde Diplomaten. Versöhnung und Entspannungspolitik bei Affen und Menschen. Deutscher Taschenbuch Verlag, München.

Weiß, K. (1999): Bienen und Bienenvölker. Beck, München.

Wilson, E. O. (1985): The Sociogenesis of Insect Colonies. *Science* 228, S. 1489–1495.

Einige Sachbücher zur Vertiefung wichtiger Aspekte der Soziobiologie

Heschl, A. (1998): Das intelligente Genom. Über die Entstehung des menschlichen Geistes durch Mutation und Selektion. Springer, Berlin–Heidelberg–New York.

Sommer, V. (1994): Lob der Lüge. Täuschung und Selbstbetrug bei Tier und Mensch. Deutscher Taschenbuch Verlag, München.

Sommer, V. (2000): Von Menschen und anderen Tieren. Essays zur Evolutionsbiologie. Hirzel, Stuttgart–Leipzig.

Vogel, Ch. (1989): Vom Töten zum Mord. Das wirklich Böse in der Evolutionsgeschichte. Hanser, München–Wien.

Wuketits, F. M. (1999): Warum uns das Böse fasziniert. Die Natur des Bösen und die Illusionen der Moral. Hirzel, Stuttgart–Leipzig.

Wuketits, F. M. (2001): Der Affe in uns. Warum die Kultur an unserer Natur zu scheitern droht. Hirzel, Stuttgart–Leipzig.

Abbildungsnachweis

Abb. 1 : Aus D. Franck, *Verhaltensbiologie*, 2. Aufl., Deutscher Taschenbuch Verlag, München 1985. Dort nach der LIFE-Redaktion
1966.

Abb. 2 : © Toni Angermayer/Wissenschaftliche Film- und Bildagentur
Florian Karly.

Abb. 3 : Mit freundlicher Genehmigung von Volker Sommer.

Abb. 4 : Aus F. M. Wuketits, *Soziobiologie*, Spektrum Akademischer Verlag, Heidelberg–Berlin–Oxford 1997. Dort nach John T. Bonner,
Kultur-Evolution bei Tieren, Parey, Berlin–Hamburg 1983.

Abb. 5 : Nach verschiedenen Autoren.

Abb. 6 : Aus E. Voland, *Grundriß der Soziobiologie*, 2. Aufl., Spektrum
Akademischer Verlag, Heidelberg–Berlin 2000, S. 240.

Abb. 7 : Nach E. Voland, a. a. O., S. 252.

Abb. 9 : © Toni Angermayer/Wissenschaftliche Film- und Bildagentur
Florian Karly.

Abb. 10: Nach verschiedenen Autoren.

Abb. 11 : Aus F. M. Wuketits, a. a. O. Dort in Anlehnung an Ch. Lumsden
und E. O. Wilson, *Promethean Fire*, Harvard University Press,
Cambridge, Mass.–London 1983.

Register

Aus dem Verlagsprogramm

Naturwissenschaften in C.H.Beck Wissen

Verlag C.H.Beck München

Naturwissenschaften bei C.H.Beck
Eine Auswahl

C.H.BECK ■ WISSEN

in der Beck'schen Reihe

Zuletzt erschienen: